大魚讀品
BIG FISH BOOKS

让日常阅读成为砍向我们内心冰封大海的斧头。

和另一个自己谈谈心

梦想

武志红——著

中国友谊出版公司

dream ◆
◇

成为你自己的英雄

投身于自己热爱的事，不仅是为了追求所谓的
"成就"，更是在修炼自己的生命力。

序言
这本书，跟我之前的作品都不太一样

多年以前，我很喜欢两本毒舌满满的书，一本是段子手般的《魔鬼辞典》，另一本是传奇政治学大师埃里克·霍弗的《狂热分子》。

现在，我自己也终于有了这样一本书。

这本书脱胎于十多年来我发表在微博上的短文，既有实践中的心得，也有对概念的梳理和思考。书中选取了其中最精华的内容，以孤独、自恋、成长、梦想四个主题统领，做成了一个非常好看又便携的四分册小套装。

我特意保持了原来那种碎片式的言语风格。在这种碎片式的言语中，因为顾虑很少，也不用考虑前言后语和提纲，所以更少受理智的牵绊，一些毒辣的语言也更容易释放出来。

攻击性是人类的一种本能，也是精神分析理论和治疗

的核心议题。

所以，这份毒辣，也更容易得到作者的垂青吧。

我喜欢自己的这份毒辣。现在还记得，应该还不到十岁的时候，有一次和村里的一个大哥吵架。他攻击我说："你板板不是。"这是老家的土话，意思是："你什么东西都不是，你不是东西！"

我突然灵光一闪，感觉脑袋里某根弦被弹动了。我反击他说："你板板都是，你是地里的花生，你是地里的花生苗，你是地里的土坷垃，你也是地里的蛆……"

当时，我们站在一块种满花生的地里，所以我这么说他。

也许是没见过这种吵架的路数，他气得连话都说不出来了，很想揍我一顿，但可能觉得一个大人打小孩胜之不武，就转身走了。

从此以后，我觉得自己拥有了一种逆向思维，头脑变得更自由，嘴也变得更"毒"了。

在初中和高中时，我都觉得自己特别毒舌。

上高中时，我和我的同桌都特别善于干一件事——"噎"对方的嗓子眼儿。也就是，你随便说一句话，我都可以找到你言语中的漏洞，然后毒辣地扔出一句话，就像是塞到了你的嗓子里，噎得你气都吐不出来。

结果，有相当长一段时间——我记得可能有三个月，我俩谁都不敢说第一句话，都怕被"噎"嗓子眼儿，都想后发制人。

后来有一天，我觉得这样做太无聊了，发誓要改变自己。从此之后，我的毒舌水平就下降了很多。

依照精神分析的理论，人的攻击性就是这样被驯服的。原始的攻击性变成了文明的表达方式，但也从此丧失了一份力量。

这个故事和这些解释，我在讲课的时候常常会讲到。

但是，我现在越来越怀疑这一点了。因为实际上，我这辈子一直以来的一个主要议题其实是，我太压抑自己的攻击性、太老好人了。这份毒舌，也许只是我自己觉得相当过头，但其实根本不算什么。

从小到大，我也知道自己太过压抑、太老好人，所以在写作时，我特别抵触任何人的限制。

我一直热爱微博，觉得这是我喜欢的自媒体平台，一个重要的原因可能就是，我喜欢自己在微博上的表达。

当然，毒舌特质在微博上也并没有被我强烈地释放出来，但我在写作时无形中又在追求很多东西，如精练，又如准确地表达我的所思所感，等等。也因此，有时候我像一台金句制造机一样。

不过，如果我只是个段子手，只是台金句制造机，那也没太大意思，毕竟毒舌的小聪明并不能真正具备生命力。

我越来越喜爱微博，也许最重要的原因是，微博看似是碎片式的表达，但对我而言，竟然构成了一个深刻的长期主义。

我常常在我的微博上进行搜索，例如搜索"自恋"一词，就可以看到，我从 2010 年开始写微博以来，所有关于自恋的重要思考。特别是，我看到自己这十年来的一个思考演化的过程。

　　这种感觉，实在是太好了。

　　能有这份演化，是因为我在微博上发表的文字、表达的思考，一直都是绝对真诚的。因此，我和我思考的内容以及对象就构建了一种深度关系。这种关系越来越深，而它自动衍生出了具有演化能力的思考。

　　这样的思考，本身就是一种生命，而且是不断得到淬炼的生命。

　　因为微博的碎片化性质和大众化性质，可能很多严肃的思考者与写作者更倾向于表达对微博这种平台的鄙视，觉得整天这么碎片化，很容易媚俗，所以不该被重视。

　　但是，我必须坦诚地说，这是我表达自己思考的平台，也是和读者互动的平台。它真的对我的思考和写作具有巨大的价值——你看，你手里的这本书就是它的体现之一。

　　微博有一个特点——人人都会变得更毒辣。可以说，人在微博上的攻击性明显加强。也因此，我作为所谓的"大V"，而且还是容易挑战各种主流观点的大V，真是经历了一波又一波的论战，如围绕着科学主义和现象学的讨论。

因为有这种人人都毒辣的特点，微博可以说是一个可以粉碎大 V 自恋的地方。过去玩博客，下面的留言都非常礼貌、客气。只怕一千个回复中，都见不到几个有攻击性和挑战性的，更少有人过来骂战。

但是，现在微博上太容易被攻击了。这真的粉碎过我的自恋，我还以为，我写的书绝大多数人都喜欢，我的观点大多数人都赞同呢。

围绕着这些真实的攻击，我也在不断地认识和调整自己。不过，我从未因此而调整我的思考。我希望我的思考是绝对真诚的。我调整的，只是自己的态度。

最终，这份态度还是回到了原点 —— 做自己就好，别太在意别人怎么看、怎么说。

一开始，我就持有这种态度，现在又回到了这种原始的态度。但这绝非说，这是没有意义的过程。

就像我们的一生，我一直在讲，人最重要的是活出自己。

然而，这条路走起来当然不易。

　　最好是，人一开始在原生家庭里获得祝福，而形成温尼科特所讲的基本感知：有一个不报复的人（指养育者），以让孩子获得这样的感觉 ——"世界欢迎你的本能喷涌而出"。

　　即便如此，一个人也会在一生中不断地遭遇各种挑战，甚至颠覆，因此可能迷失，最终再回到这种基本感知上。这看似是弯路，但其实是生命的真实过程，也是一个人的心灵不断得到淬炼的过程。

　　我在我的原生家庭里获得了一些祝福，因此我可以自由地写作和思考，但同时，作为经典的滥好人和头脑过分发达的家伙，我也是严重失去自己的人，所以一直在寻找如何更好地成为自己，更好地"抵达"真实。

　　大家看我的文字，得知道，这是我的一条路。我并非已经活出自己，然后像老师一样引领大家也实现这一点。相反，我也是一个严重迷路的人，在思考，在体验，在分享。

　　人生不易。

生命的动力，首先是活出你自己。这个简单的道理，我却像是走过千山万水才领会到。

所以，我的这些文字，就是一个走过千山万水，仍然在路上的体验者和思考者的真诚分享。

而这本书，跟我之前的作品都不太一样，它小小的，很灵巧，里面都是我这些年来灵光一闪式的思考、体悟。它像一个灵感的种子库，很多长成了后来的长篇文章。希望你能喜欢这个特别的礼物。

愿每个人都能找到自己的路，成为自己的自己。

最后，引用一首鲁米的诗：

你以为你是门上的锁，

你却是打开门的钥匙。

糟糕的是你想成为别人，

你看不到自己的脸，自己的美容，

但没有别人的容颜比你更美丽。

目 录
Contents

① 英雄之旅 ·014·

② 英雄，敢于行动 ·017·

③ 距离感 ·019·

④ 挫折感 ·020·

⑤ 创造欲和毁灭欲 ·023·

⑥ 直面自己的"坏" ·028·

⑦ 坦然地伸展自己的能量 ·030·

⑧ 边界意识 ·034·

⑨ 无形的"应该" ·038·

⑩ 生命的意义在于选择　　　·042·

⑪ 你想要什么？　　　·046·

⑫ 让你的生命力自然流淌　　　·051·

⑬ 聆听内在的声音　　　·053·

⑭ "负能量"也需要表达　　　·056·

⑮ 觉知的力量　　　·062·

⑯ 思维系统和视觉心像　　　·066·

⑰ 从想象到现实　　　·071·

⑱ 放下头脑，信任身体　　　·073·

1

英雄之旅

/

　　最重要的自由，甚至可以说自由的真谛，是战胜内心的恐惧，拥抱内在的黑暗后呈现出的一种状态。约瑟夫·坎贝尔[1]将这个历程称为"英雄之旅"。在这个历程中，你看似是在与外界作战，其实是在锤炼你的自我。一般的自由观，认为妨碍自己自由的是外界，但其实真正妨碍自由的恰恰是你的自我。

　　成为自己的历程，即英雄之旅，需要两点：一、在现实世界里展开你的心，借此，你才可以观察到你的心是怎样的；二、深入认识自己，特别是那些让你恐惧的部分。这个历程的关键，不是变得更好，而是能碰触到自己真实的、看似恐怖的人性。

1　约瑟夫·坎贝尔（Joseph Campbell）：美国研究比较神话学的作家。

这个过程的关键，是碰触痛苦与黑暗。碰触了自己的痛苦，才能懂得别人的痛苦；碰触了自己的黑暗，才能容纳别人的黑暗。并且，真碰触时，会发现痛苦有馈赠，而黑暗则是力量与生命力。

当你感到痛苦时，若不敢碰触感受，你最容易想的是：怎么办？同理，若不懂你的感受，别人也最容易问你："怎么办？"怎么办，是试图改变外部环境而解决内心的问题，但内在的体验是更深的存在。必须让体验流动，你才能找到真正的存在感。

每一种心理的痛苦都是有意义的。我们有无数种方法可以减少痛苦、逃避痛苦，但真正解决问题的方法只有一种：直面痛苦，认识痛苦的意义，寻找到问题的来源，并由此成长。

关于英雄之旅，荣格有一个更精妙的说法：自性化历程。即将整个世界聚于己心。你在漫漫旅程中，

发现外部世界与内在世界是一回事。你在这个世界上展开你的心，又将整个世界的图像聚于己心。

成为自己，也就是让自己的能量流动起来。这时，所谓"创造力"就会自然而生。

人如果太正常，就失去了趣味。所谓"正常"，即适应能力良好。在这个社会中，你很可能在不知不觉中就失去了你的个性。所以，有创造力的人总带着点疯癫。

展开你的生命，勇于去做选择，并为自己的选择负责。这是自我实现之路，也可以称为"成为你自己的英雄之路"。

② 英雄，敢于行动

/

人一行动，就有破绽。行动多的，就破绽百出。然而，破绽百出的英雄，还是英雄。没做过什么重大行动的，自然觉得自己完美，可以评点英雄的是非。但是，再完美的苍蝇终究也只是苍蝇。苍蝇聚群而飞的时候，可以遮天蔽日、声势壮大，这壮大感给了它们伟大感，可它们仍然只是苍蝇。

什么都不做的人必然满是抱怨，而且不可避免地会觉得，做事的人，特别是做成了一些大事的人，多是坏人。但当这些什么都不做的人能按照自己的意愿去做事时，会对世界和他人有很多谅解，同时也会发现，这样才能真正地去爱这个世界。

　　如果以事实论人，那是一回事，而以道德论人，那就又会很不一样。如果以事实、成败论人，英雄会有优势；如果以道德论人，那就是，什么事都没做的、弱的、受害的人等，是有优势的。

　　所谓"有攻击性的人生"，就是带着主体感将自己的生命展开的过程。多少超一流的天赋被消耗在向内塌陷的自我中。

　　生命力向外伸展，也许会给他人、社会和世界造成问题乃至破坏，但同时也有了机会呈现，并与其他客体建立关系。彼此碰撞，而得以看见、修复乃至疗愈，或者创造和争取。而如果从小就是向内塌陷，就可能失去了机会。

③ 距离感

/

　　希望世界能如我所愿，最好我打一个响指，世界立刻就会精准地回应我。然而，真这样时，一个普通的灵魂就会惊恐地发现：这世界太恐怖了。你与世界之间有一道栏杆，或一团迷雾、一个迷宫，这就制造了距离，而这很重要。在回应的延迟中，你有了一个认识自己的时空。如果你的心越来越简单，这个时空也会不断简单。所以，别着急，这段路是你需要走的路。

　　那栏杆、迷雾或迷宫的复杂程度和与你的距离，取决于你内在的分裂程度，如内在的善与恶、爱与恨、生与死、高与低等体验的距离。如果有极端的恨和极端的爱，那通常是不能整合的，于是爱与恨之间就有了一段长长的距离。

　　内在分裂越严重，越需要分化出一个观察者来。

你可以想象一个等边三角形，如果爱与恨之间的距离是十米，那么观察者与爱之体验的距离，以及与恨之体验的距离，也都有十米。当对立体验合一的时候，观察者与体验者也会合一。

4

挫折感

/

那些需要持续投入的事，如工作、学习和写作等，我们常因不断地走神和被打岔，而不能持续地投入。仔细观察的话，你会发现，这常常是因为，在这些事中，你遇到了挫折。这种挫折感挑战了你的自恋感与掌控感，于是你转而去做你能掌控的事，以此来恢复自恋感与掌控感。

我们在追求这种感觉：做事情能一气呵成。这意味着，我们内在的能量也一直在流动，没有被打断。而被打断的感觉，就如同性爱中突然被叫停，所以我们不喜欢。严格意义上来讲，任何一次能量被打断，都是不同程度的被阉割。这挑战了我们的尊严，也引起了我们的死亡恐惧。

大江大河的流淌，都不可避免有各种阻碍与波折，但它们还是能冲破障碍奔向大海。我们也需要学习，我们的能量会不断地遇到各种阻碍，但我们仍然能冲破、绕过这些阻碍，而奔向自己的目的地。

从逻辑上来讲，这主要是因为婴儿和巨婴（成年婴儿）缺乏时间和空间的概念，觉得自己一发愿就得此时此刻马上得到满足，否则就觉得自己这份愿望、这份能量（自己）死了。相反，成熟的人则形成了时空的概念，体证到，只要在时间上累积，在空间上变换，这股能量总是能流动起来的。

我们都需要体验到，作为一个能量体，我们发出的能量是可以变成现实的。这种外在的现实说明，你的这份能量本身值得存在于这个世界上，你作为一个能量体也如是。所以，父母需要呵护孩子自身的能量，使之变成现实，而不是打断它，或者把自己的意愿强加到孩子身上。

有的人在无能为力的大事前撑着，不能垮，但在无能为力的小事前就失控了，借一个可以失控的小缺口，释放累积的无助感。而有的人是随便一点不如意的小事就会失控。在常不如意的世界，仍然不断地焕发热情，并实现重要的梦想，是真正的生命哲学。

如何面对不如意（即外部世界没按自己的意志运转）？成熟的做法是承认不如意的发生，这时会有哀伤流动。如果拒绝承认、拒绝哀伤，那么就会陷入有被迫害感的偏执状态。即认为外部世界有迫害者导致了这份不如意，并因此对迫害者产生愤怒，乃至暴怒到想杀人。或者将暴怒转向自身，而激烈地攻击自己，乃至想自杀。

有时候，不如意纯粹是一种内在的感知，但我们会将它投射出去，认为它是外部世界的加害者所导致的。例如，怕孤独的人在孤独时，会觉得周围有妖魔鬼怪这种终极加害者在盯着自己。但其实是孤独引起了我们很痛苦的内在感知，我们将它投射成外部有一个魔鬼对自己不怀好意。

⑤

创造欲和毁灭欲

/

踟蹰不前、犹犹豫豫、难以成事，甚至一事无成的人，很可能是担心自己的创造物会被轻松地毁灭。

自己的创造物，就是生；毁灭的力量，就是死。

不过，这种毁灭的力量，既曾经展现在家庭和社会这样的外部世界，也扎根于自己的内心。

扎根于内心的，可称为"毁灭欲"。创造欲和毁灭欲都是很根本的，两者也可称为"生本能和死本能"。

我们通常的生与死的考量，是针对一个肉体生命的出生与死亡，但生与死的范畴可以无限延伸，任何一个事物都有生与死，如愿望、欲望、情绪情感和想法。

创造会带来快感，毁灭也可以带来快感。

然而，创造很难，毁灭却很容易。

所以，创造力没有很好形成的人，会去追求毁灭欲，以体验毁灭带来的快感。甚至可以说，死本能释放时，有如死神一般自恋的快感。

一位女子看到几件重要的好事正在发生，她感觉到喜悦，随即陷入恐慌。

我觉知她的这种恐慌时，发现她是担心这几件好事会落空。

而后我们谈着谈着，她便开始宣泄她的怒火。这份怒火是她的毁灭欲，所以，她看起来是担心外在的力量会毁灭好事，但更是她内在的毁灭欲让她害怕。

安静下来后，有时会像听到万物的乐章一般。我偶然想到，这些乐章中的节奏和韵律之所以那么美妙、扣人心弦，其实就是在拨弄生与死。

连续是生，断裂是死；高音是生，低音是死。如果只有一面，也就没有了节奏与韵律。两面都具备时，才构成了生与死力量的双重交织。

当然，从整体上而言，一首乐曲就是一个创造物。

万物的这个乐章，宇宙的这首乐曲，其实一直都在演奏，从未停止。当然，从物理学和哲学的角度来看，宇宙也是有生命的，它有生，也有死，只是贯穿数亿年，所以我们觉得像是永恒。

心理学中，人本主义心理学和积极心理学喜欢讲人行善、讲光明，这是追求生。但因为缺乏对死的了解，缺乏对毁灭欲的探究，所以显得单薄，缺乏魅力。

　　精神分析既谈生，也谈死，因此有了极为丰富的层次和纹理，如同一首恢宏而又无比细腻的史诗，具有非凡的魅力。

　　太自恋的人，只希望看到自己的欲求实现，因为这就意味着，这个欲求有了生命。

　　不过，对于那些不太值得实现的欲求，或者难以实现甚至根本不可能实现的欲求，我们不妨去做一下死神，主动选择让无望的愿望死掉。

　　毁灭，是一种强大的力量。我们不仅要毁灭自己无望的东西，挑战自己的自恋，也要去毁灭别人加在我们身上的不合理的东西，以挑战别人的自恋。

一个超级好的男人，有一次喝了一点酒，然后进入一种状态，感觉死神在拉着他跳楼。他使劲控制自己，但他感觉到那种毁灭感太爽了。

之后的一段时间里，他突然有了一些力量，可以对别人说"不"了。

我们不仅可以释放自己的创造欲，也可以合理地释放自己的毁灭欲。

创造欲和毁灭欲可以相互转换。创造欲低的人必有高毁灭欲，所以那些看起来人很好但没做成什么事情的人，一有机会，也会展现出可怕的毁灭欲。他们有无数种巧妙的方式表达毁灭欲，如对创造者的批评和乱建议。

愿你能自如地去弹奏生和死的乐章。

6

直面自己的"坏"

/

　　心理防御有这样的三板斧：原始分裂、原始否认和原始投射。分裂即将事物分成好与坏，否认即否认自己身上有坏和虚弱存在，而投射就是把自己分裂的坏和虚弱转嫁到别人身上。很多严重的心理问题都伴随着这三板斧，特别是否认这一环，有人有时会否认得连自己都意识不到自己有坏和虚弱。

　　成熟的一个重要标志，是能直面自己的"坏"。真正的成熟则意味着，一个人能够容纳自己乃至别人的"坏"，并转化它们。一般不能面对自己弱点的人，常会陷入偏执。

　　自我虚弱时，需要把"坏"分裂出去，投射到外部世界。自我逐渐坚韧后，就能将投射出去的"坏"吸纳进来。而对它们的处理，则意味着自我对这一部分能量的接纳，自我因此变得更为强大。

不能接受关系中的不愉快，是担心这些"坏"会破坏好的关系。人特别难以面对自己是不愉快的发起者，是因为更深处的担心：一旦自己发起了"坏"，好的客体就会远离自己，不要自己了。但爱是深深的理解和接纳，自然也包括对这些不愉快或"坏"的理解和接纳。

太简单地做一个好人时，周围的人就会变坏，因为简单的好人会把"坏"投射到周围的人身上。更要命的是，简单的好人切割出去的"坏"都是生命力。所以，简单的好人会日益干枯。

当你的善良是与别人不分你我、不分彼此时，你越善良，就越容易受伤。那些伤害其实都是在说——请首先做你自己。

如果你领会不到这一点，那么事情可能会这样发展：等对方干出全然突破你底线的事，你才会终于下定决心，把对方赶出你的世界。这时，你才终于能为自己划出一条边界。

伤害行为，如果说有价值的话，这至少算一个吧。不过，还是别那么虐心，早点懂得：世界上最重要的事，是先照顾好你自己。

⑦

坦然地伸展自己的能量
/

能嘚瑟、臭美，即展现基本自恋，是心理健康的一个基准吧。太自恋，容易出问题，但完全不能展现自恋，那也谈不上是心理健康，最多只能算是貌似没啥问题。

这段话可能很多人接受不了，那可以换一句：心理健康的一个基准是，你能坦然地伸展自己的能量。

<u>不能充分表达自己意志的人，也难以真诚地支持</u>
<u>别人合理的选择。</u>

由此可以这样推理：退缩在孤独世界里的人容易
觉得其他一切都不合理。所以，"键盘侠"容易看什
么都不顺眼。

充分展开自己的生命，活得多姿多彩的人，才会
真正的宽容吧。少数深度内观的人也可能有这份宽
容，但多数人不行。

当一个人感觉到他的生命能够按照他的自由意志
展开时，他会被热情充满，困顿、拖延、封闭和消极
等将远离他。每一段时光，他都不想浪费。所以，被
爱和自由滋养的孩子常常会像一个永动机一样，能专
注地投入到他们正在做的事情上。

<u>一个人必须按照自己的意志伸展生命，成功也</u>

罢，失败也罢，都能不断体会自己的生命与其他存在
碰触的感觉，由此不断淬炼自己。成长，就是这样
吧。我们不被允许按自己的意志来做选择，由此心灵
不能成长，所以是巨婴。

人要充分伸展自己，与外部世界有充分的碰触。
在这些伸展与碰触中，修炼自己的心。少年老成，年
轻谦逊，这些都是将自己的能量收缩起来，所以少了
伸展与碰触。这时候的成熟都是假性成熟。

这种伸展，在一定程度上必然被觉知为攻击性。
要能伸展出自己带着攻击性的生命力，需要两种体
证：一、自己不会被灭；二、自己不会灭掉别人。甚
至还会由衷地体验到，当带着攻击性的生命力得以伸
展时，关系和世界变得更真实、更有力量和深度。由
此，生命力才得以被祝福，才能自由伸展。

将你的生命视为一个能量体，将活力视为能量酣
畅地流动，那么，所谓"信心"，就是不管外界其他
能量如何冲击你，你仍然能维持你能量之流的流动。

将自己的生命力伸展开的人，他的存在，对别人就是疗愈。

跟随你的感觉，真诚地活着，以自己的肉身与这个世界产生丰富的碰撞和联系……这样才能淬炼你的心性。不把自己的心拿出来，就不会有这个机会。

感觉无所谓对错，讲感觉的对错，是因为两点：一、担心别人（特别是权威）觉得自己的感觉不对，这时，如果感觉到自己能量的流动，就害怕会被惩罚、嘲笑；二、自己一表达感觉，就要追求结果，期待世界一定如自己所愿，否则就会觉得自己很失败，然后会有巨大的羞耻感。

追随自己的心，按照自己的感觉而活，最初需要养育者的支持，之后需要的，是勇气和智慧。

8

边界意识

/

　　边界意识，就是守住你的地盘。当你不能展开你的地理空间时，你就会蜷缩自己的身体。当你的身体都不能由自己做主时，你就会缩在头脑里。这时，至少你还拥有想象世界。当想象世界都不能拥有时，你便会成为僵尸般的存在。

　　你的头脑，你做主；你的身体，你做主；你的房子，你做主。这是基本。不爱自己的头脑，是因头脑被入侵；不爱自己的身体，是因身体被入侵；不维护自己的家，是因房子被入侵。

　　还有时间。当不能把握自己的节奏，时间总被别人的意志占用时，人们就容易有拖延和凌乱的节奏。

　　边界问题，是生死问题。守不住边界的人，是精神上的殖民地的丧失，因"丧权辱己"，所以他的身体和心理就会有各种问题。

界限与独立是我们社会欠缺的部分，结果是，我
们的行为很容易变味儿。

婴儿希望活在没有界限的世界里，希望妈妈完
全、彻底、无条件地围着他转。而成年人的世界，首
先是自我负责，同时也需要强有力地保护自己的空间
不被入侵。然后在这个基础上建立深厚的感情，学习
爱与被爱。

界限与独立，其实就是不轻易入侵别人的空间，
也能强有力地守住自己的空间。

守住了边界的人，可以自在、放松，也可以坦
然、强大。

如果有了简单、直接明了的边界意识——我的
地盘我做主，不请自来就是入侵，各种事就会简单很
多。相对应的是糊涂哲学、糨糊逻辑，它们从根本上

是入侵和控制。你糊涂了，入侵、控制和剥削才能发生，你清醒，这些就很难发生。有时，社会是一个等级社会，糊涂哲学是为了方便高等级的人。这样高等级的人入侵低等级的人时不仅获得了利益，还有了道德优势——入侵都是为了你。

地盘意识明确了，就可以产生规则意识。我的地盘我做主，你的地盘你做主，我们的地盘有交集的地方，就需要制定双方都同意的规则，然后遵守这些规则。规则可以友好协商，而更多的时候是博弈出来的。你不博弈，就很难指望有符合你利益的规则产生。

博弈时，需要从一元世界进化到二元世界，乃至三元世界。一元世界，就是只有一个人说了算；二元世界，是动荡的博弈；三元世界，是博弈时双方都要遵守规则。而规则被假设为是更高、更好的力量制定的，如上帝（法律）面前人人平等。

对于不能捍卫自己边界的好人而言，自卑是一种保护。因为，如果你不自卑，坦然地承认自己强大，那么你就得承担更大的责任，就得被别人侵略和剥削。如果自卑一下，把能力降到自己的真实能力以下，就可以使用这个借口：不是我不想背负太多的责任，而是因为我没这个能力。

边界问题有个非常直观的隐喻：鸡蛋的壳。其实是两层，一层硬壳，一层软膜。就像一个家庭，家需要有一个明确的边界。而经典模式是：父性像硬壳，扮演家庭保护者的角色；母性像软膜，扮演呵护者的角色。一个人难以同时兼作两者，如父亲缺席，而让母亲做家庭保护者的角色时，她的柔软就失去很多。同样地，当特别期待男人能温柔得像一个呵护者时，他的保护者角色就会失去很多。

最好是，社会是大容器，有靠谱的保护壳，而家庭中的成年人不必花大力气去建保护壳，可以专心呵护小家庭。如果社会并非如此，那么成年人得花特别多的力气在建保护壳上，结果家庭就没有了呵护的功能。

边界和利益是最基本的东西。一个好的社会，人与人之间应承认并尊重彼此的边界，且不得以各种名义随意剥削个人的利益。有了这个基础，各种物质和精神的好东西才能被创造出来。违背这两个基本的各种情怀，都是可疑的。

9

无形的"应该"　　　

/

最糟糕的一种暴力，是拿最常规而琐细的社会规范来要求孩子，以及自己。就我个人而言，我并不反对社会规范，当社会规范和家庭规范简洁而有必要时，会带来很多便利，规范可以是很好的边界。当没有边界时，人就会焦虑 —— 尺度到底在哪儿？

但不能是那种最常规而琐细的规范，那样的规范被强行树立时，人就会像被琐细的绳子捆住一样。

此外，当人能遵从自己的内心时，会自动知道边界在哪儿。讲一个故事。我的一位朋友和几个人一起出行，同行的有一位妈妈带着她非常可爱的女儿 —— 五六岁的样子，以及一对中年夫妇。这对中年夫妇看上去极其喜爱这个小女孩，对她很是亲近，总是逗着她玩。可小女孩一直有些排斥，没怎么和他们玩。直到半天时间过去后，小女孩才放下警惕，和他们亲近起来。难得的是，我这位朋友观察到，这半天时间里，小女孩的妈妈没有一次对女儿说过这样的话："你看人家多么喜欢你呀，快叫伯伯、阿姨。"她也基本没劝女儿去亲近他们。我这位朋友的观察是，这位妈妈给了女儿一个充足的空间，这样小女孩就可以用自己的感受去衡量这两个大人了。并且，这个过程没有被打断，是一个完整的过程。

　　有人用显而易见的规范来要求你，或者你用这种规范来要求自己，这是很容易看到的"应该"。

　　还有一种比较隐蔽的"应该"："伟大"的头脑看到了"更好"的可能，于是拿这个来要求自己。实际上，是头脑自我在要求体验自我。或者说，是虚假自体在要求真实自体。

　　一个基本正常的头脑可以做闪电般的推理，能超越时空看到种种可能。当你把头脑当作自己的灵魂或指挥官，即"我"时，这样的头脑就会成为一个暴君，对自己提出各种过分苛刻的要求。这时，你必然陷入焦虑。

　　我们确实需要把"心"视为"我"，可心是什么？有时，太难体会到它的抽象存在，但它有无数种具象的存在，就是你的一个又一个感觉。当你带着感觉去和外事外物建立关系时，你就是在真实的关系中构建你的真实自体。这时候，你会发现一对矛盾：

这个过程很慢，远远不如使用头脑快；

这个过程很难，你越是能活在当下，就越能体验到存在，然后会有喜悦。

前面给头脑的伟大加了引号，有嘲讽之意，但头脑也的确是伟大的。只不过，如果一个人想体验到真实，想体验到存在，他就得明白，头脑不能成为主人，不能把头脑等同于"我"。这一点，埃克哈特·托利在《当下的力量》中称之为"向思维认同"。

卓别林七十岁的时候写了一首很美的诗——《当我真正开始爱自己》，诗中有这么一段：

当我真正开始爱自己，

我明白，我的思维让我变得贫乏和病态，

但能和我的心相连时，我的思维就成了有价值的盟友。

当你没有真切地和这个世界建立联结时，你甚至都不会发现伟大头脑这个暴君的存在，不过你会发现，你在让你自己焦虑。这是一个信号，可以让你觉知到它。

治疗它的良药，是看起来有点俗气、简单的生活，以及那传说中的"活在当下"。

⑩ 生命的意义在于选择

/

什么都不要的人是极难与人深入相处的，因为他们有一种自己都未必能意识到的道德感 —— 要任何东西都是有罪的，"看你们这些罪人"。并且，会连带出一种可怕的被动哲学 —— 做任何选择都意味着在要，所以他们不做任何选择。同时，他们还会对那些拼搏者进行各种道德评判。

如此一来，就构成了这样一种社会哲学：那些一无所有的人有着极高的道德感。但除了道德感，他们的心灵极度粗糙，因精致、美妙的心灵并非无欲无求的，而是与各种存在高密度碰触的结果。

你主动选择时，就亮出了你的真身。这时，它就有了自我实现的可能，也有了被攻击、被羞辱的可能，还有了被看到"你没那么好"的可能。所以，很多人会将自己的真意隐藏起来，以至于别人看不到，乃至自己也很难捕捉到。

如果你想同时拥有所有好处，那么结果就是，你只能原地不动，因为朝任何一个方向行动，都意味着你失去了朝另一个方向行动会得到的好处。

太纠结的人，都是想获得两个或多个方向的好处，甚至所有好处。

做选择时，外部世界与你的关系会内化到你的内心，而你的良知在看着你。你可以屏蔽良知，去做只对小我有利的选择，可良知还会发挥作用，让你深深知道你做了什么样的选择。当选择越是倾向于黑暗，你越是执着于小我时，你就会越怕死；当选择倾向于光明时，你会更放松，有一种深刻的坦然。

成为你自己，完整的表达是：我选择，我自由，我存在。其中一个部分是：我负责。负责是如此沉重，所以艾里希·弗洛姆写了《逃避自由》一书。关于想为别人负责，埃里克·霍弗在《狂热分子》一书中讲了他的发现：在码头上，太喜欢帮别人的搬运工人都做不好自己的事，他们通过帮别人获得道德优越感，以此来逃避虚弱自我。

我负责，这应该不是逃避自由的头号原因。过去，我认为那是因为对人性的考量还不够，现在觉得在这英雄之旅中，你会"经历"完整的人性，其中有着太多考验。如果停在半途中，就可以避开这些考验，你会更安全。

当一个人只为自己负责时，他就可以轻松地活着。

人活在关系中，当然会去考虑别人。但这种考虑应当是他的主动选择，而不是被强加的选择。心甘情愿的选择具有巨大的力量，在《黑客帝国》中，尼奥被史密斯击败后，仍挣扎着爬起来。史密斯问他为什么要这样，尼奥回答："这是我的选择。"

任何真正做事情的人都可能被贬低，被怀疑动机有问题，而不去做选择的人则可以一直抱有全能感和清白感的幻觉。然而，时间无情，当时间日复一日地消逝时，没有主动做选择的人会感觉到生命的空虚。

创造力的源头，来自生命力的自由流淌，而这只会发生在具有自主人格的人身上，被安排、被决定的人是没有创造力的。

(11) 你想要什么？

/

太多来访者 —— 也许是几乎所有来访者，甚至是大多数人，都有一种没怎么被自己质疑过的生活方式 —— 积极而有效率地生活。好像每天必须都得这样过，不然就会有罪恶感。

目前还不能特别清楚地知道这是怎么回事，简单的理解是，必须让自己成为一个好工具，这样才是有价值的，而懒散与颓废则是属于"我的"享乐，这是不可以的。

这个解释看似不错，不过我不是特别有感觉，而是觉得还应该有更深层的含义。

不过，虽然头脑想不明白，但感觉上，我觉得有一种"味道"，是积极活着的对立面。一位来访者说，一位明星的孩子说"反正有大把美好的时光可以浪费"。第一次听到这句话时，这位来访者特别受触动，而现在她终于也可以体会到这种"味道"了。

同时，有一个矛盾：特别想积极、有效地过好每一天的人，往往有严重的拖延症，并且很颓废。也许这是无意识地在追求"我可以不那么焦虑"。

也许每个人都生活在一个循环中 —— 由自己的日常所构成的循环。其重要的功能是，把你的能量消耗掉。

你可以想象一下，如果你的能量高一个甚至几个量级，那你会成为什么样的人？然后再想象一下，从现在状态的你走到那个状态的你，你会由衷地接纳吗？

每个人的人格状态都有一种巨大的合理性，其中

就藏着这种逻辑：你周而复始地用你习惯的方式轮回着，让你的能量消耗掉，从而阻碍你进入所谓"更高量级"的状态。

"不要在同一个地方跌倒。"这句话实在太理想主义了。

常见的一种心理是，大家要什么，我也要什么，我只是希望要的比别人多一点，以此来证明自己的卓越，因而造成同质化的渴求。这是在集体的泥潭里打滚，最高的追求是成为集体的王。我们惧怕个性化的追求，因为它意味着成为自己就要脱离群体，这会导致很深的恐惧。

此时必须形成一种声音，因为巨婴普遍存在，只能接受和自己一致的声音。谁若和自己的声音不一致，谁就是非我，就是异类，就是恶魔，就该去死。所以，对于个性化，我们都有恐惧，似乎和别人不一样本身就是一种罪过。

　　所谓"个性化"，就是你自身的生命力在伸展时的种种自然表达。譬如，让你很有感觉的兴趣爱好，你喜欢的活法，还有特别重要的 —— 你如何装扮你自己。集体主义最盛时，任何个性化的表达都会被打压。

　　不能像万花筒一样绽放，而只能集中表达在集体认可这一个通道上，这在教育中表现得最极端。中小学生普遍被公共认可的，就是成绩好，而体育、艺术、劳动的发展等多被忽略，更不用说享受生活或那些随心所欲的表达。然而，多样化的"丰盛"存在，是生命力绽放的结果，这也是自由的价值所在。

　　你想要什么？这样一个简单的问题，却常常是最难回答的。因为，除非你能清楚地知道你的生命感觉，否则你真不知道你想要的是什么。如果你不是用

感觉，而是用脑袋来回答这个问题，事情一定会变得复杂，让人犹豫，难以决断。愿大家都能活出自己的生命感觉，用你发自肺腑的声音回答："我就是要这个！"

"每个人都有两次人生，当你意识到，这个世界上只有一个独一无二的你时，第二次人生才真正开始。"——这是开往南极半岛的游轮上，一名探险队员引用的一句很有哲理的话。荣格也说过类似的话："第一次人生是为别人而活，第二次人生是为自己而活。"

自我成长的一个重要标志是，你对自己的不情愿越来越敏感，发现自己有多么容易在压力状态下迎合别人。于是，你不再轻易承诺，也能轻松拒绝，而那重要的一点也将到来——你能从容而主动地激发出自己的动力。

如果生命之初，在自己的家里，你的生命感觉能被允许、被看见、被抱慰，那么所谓的"尊重自己的意愿"就可以来得毫不费力，同时又能尊重别人的生命感觉。但没有这样的运气也没关系，生命的美妙之处就在于，我们可以创造自己的生活。

12

让你的生命力自然流淌

/

生命力生发不出来，就容易"闷烂"。这既是比喻，也是一种真实描述。"闷烂"的生命力会有一种散发着怪味儿的逻辑：你难以正常地喜怒哀乐，看什么都觉得不顺眼。

如果有理性而清醒的头脑，你会表现得很像个人，该喜悦说喜悦，该愤怒说愤怒，该悲哀说悲哀，可你缺乏真切的体验，你只是嘴上说说、脑子里想想而已。

如果连这样的头脑都没有，你会成为一个很讨人嫌的家伙。任何时候你都不会说好听的，什么事你都能挑出毛病来，看到大大小小的灾祸，你才能莫名地开心。

当这些问题出在别人（如父母）身上时，我们会清楚地感受到一点，那就是，你绝对不可能让他们真正开心。有自控力的父母，他们就是自己不开心而已。缺乏自控力的父母则会向你传递一种逻辑：我不开心都是你惹的。然后，你会尽一切努力让他们开心，但你会发现这是无用功，而这样的父母也会拿言语刺激你。

当这些问题发生在自己身上时，你也许就难以观察得那么仔细了，可你能体验到，你能真切地闻到这种怪味儿，因此你会难以喜欢自己。

这种情况的"解药"说起来很简单，就是真实地活着，让喜怒哀乐真实地流淌。如果活不出热情，也就体验不到意义感。有虚无感，是因为你没有把真实自我呈现在这个世界上。可以说，虚无感是因为虚假地活着。

⑬ 聆听内在的声音

/

先形成一个自我，让它日益圆满，同时又让它不断消融。这就是成长之路吧。其中一个标志性事件，是忘我地去爱另一个人。对方本不属于自我概念的一部分，我们却最终与这个人融合。所谓"忘我"，即意味着对自我的舍弃，乃至自我死亡。我们的传统之所以重血缘胜过爱情，走不出固有的自我是一个关键。

　　自我的成长，需要一个关系做容器。若容器太动荡，自我就难形成。所以，自我灵活但脆弱的人，倾向于找一个超稳定的容器，好在其中慢慢沉淀自己。但在这一容器中，我们又会感到窒息，因为没有温度。于是，我们又要找一个同样灵活而脆弱的人"激荡"自己。那会有一些美好的感受，但同时我们又会恐惧自我的碎裂。

　　成长最好是，我们的本性在关系里得以呈现，而变化，而发展。天性若被压制，那么，不管外在看起来成长得多好，都是一种缺憾。并且，天性总是渴望以各种方式呈现的。

　　人需要一个空间展开自己的心，将内在的种子投射到外部世界，然后观察外部的结果，回观自己而淬炼自我。但我们这个空间常被破坏：外在空间，权力体系可肆意掠夺；内在空间，巨婴式父母、伴侣也会入侵。这都破坏了我们的耐心。

　　成为一个成熟而有爱的人很难，但逼别人听自己的，却貌似容易。如果假借了伟大的名义及其背后的权势，逼迫别人就更容易了。所以，借伟大的名义宣泄暴怒的，看似愚昧，其实是耍小聪明，因为没有危险。当逼迫别人屈从时，自己会变得伟大似的。

　　你与世界的关系，也就是你与内在的关系。若你将世界的某一部分视为绝对不可接受的异端存在，也就意味着，你与内在的某一部分彻底割裂了，那一部分只能藏在意识不能碰触的黑暗中。

　　聆听内在的声音，尊重它，将它活出来，这就是将内在的声音转变成外在命运的过程。随波逐流，和大家活成一个样是最没有意义的，因为没有展开"我是谁"。将内在转变成外在的过程中，要充分知道外在与内在的关系，认识自己的内在，勇敢地破掉僵局。

谅解，感恩，聆听到那最深处的声音，那些悲伤与生命的力量，那些抗争与无奈的屈从……听到这一切，但要从中解放、爱它们，而不是从形式上顺从它们。最终，成为你自己。

14

"负能量"也需要表达

/

对一个人而言，最可怕的是，他最为重要的感受，却被周围的人纷纷议论，"你不应该这样，你应该是相反的样子"。

我现在越来越多地发现，内心严重分裂，甚至部分精神分裂症，就是这样造成的。

假若一个家庭是极端家长制，那么故事常常是这样的：权力狂（常是父母，偶尔是家中的长子或长女）极力向下施加压力，让别人服从他。因为各种资源都掌握在他手中，并且他偏执地追逐这一点，所以家庭成员纷纷顺从。最后，精神最"弱小"的，就成了这个权力结构的终端受害者。

终端受害者非常苦闷，他向家人诉说，但因为怕麻烦或恐惧，没有一个人支持他。相反，他们都说爱他，并说权力狂的一切疯癫行为都是出自对他的爱。也就是说，他向外部世界求助，可外部世界的所有人都说权力狂爱他。他发现他的痛苦没有一个人能理解，且所有人都觉得他不该痛苦，他该快乐，并感恩权力狂。

于是，他饱受折磨的灵魂被驱逐到了一个角落。假若他将这些痛苦展现到外部世界，那么他所能居住的角落就是"异端""疯子""精神病"。这种外部现实会进入他的内心，他也会驱赶自己的痛苦到内心一个极度被压缩的角落。结果，他的内心就处于极端分裂中，因为这份痛苦是他生命最大的真相，他不能选择忽视。

可以想见，在特别讲孝道的家庭中，一个孩子最容易成为权力狂控制下的受害者。他被父母伤害，但所有家人都说，"父母是爱你的，你不该有痛苦"。到了社会上，大家也这么说。去看书，书上也这么说。最后，他只能"分裂"。

有时，是一个学生受了老师的伤害，但学校不给他支持。回到家，父母也说，"老师虐待你是在教育你"。他去看书，书中也这么说。最后，他也得"分裂"。

在严重重男轻女的社会，女性也容易有这样的结果。她的痛苦不能到任何地方诉说，任何人都会用一套奇特的、绕了很多弯的逻辑来告诉她："别人没有错，错在你。"譬如印度，不少被强奸的女性不能报警，因为报警会被警察奚落，甚至被警察强奸。最后，她也只能"分裂"。

　　这绝不是说所有的精神分裂都源自这种现象，我只是看到我了解的一些内心分裂甚至精神分裂的人活在这样一种氛围中。对他们而言，系统性的被迫害是非常真实的。最可怕的是，无论走到哪里，别人都说虐待你的人是爱你的。请记住，轻易说这样的话的人就是在制造分裂。

　　所以，请"看见"痛苦者的痛苦感受，确认他们的痛苦感受是多么真实。不要粗暴地进行评判，更不要朝相反的方向说："其实对方那样对你是没有恶意的，是对你好啊。"

　　你以为这是在让他看到正能量，殊不知，你在继续将他朝分裂的方向推。

既不能爱，又不能恨时，你就是一个扁平人，甚至可以说是纸片人。"爱的对立面是非爱，即不表达爱；恨的对立面是非恨，即不表达恨。"英国精神分析大师比昂如是说。当爱与恨不能表达时，人就容易退缩到知识中，而这时的知识即为"非知识"或者"伪知识"。它的价值不再是为了增加对人性的了解，而是为了正确和显得很牛。爱、理解、接纳等词语，因为看上去正确而容易表达；恨、拒绝和敌意等词语，因为不那么正确而难以表达。从中分析让我明白，恨意的表达一样重要，而对许多人来讲，它的表达更难。

　　恨，不能因为看上去像是"负能量"，就被认为不该存在。如果持有这样的逻辑，最终的结果就会是，爱也将不存在。

　　负能量（负面情绪）的表达，的确会对他人构成冲击，但对个人而言，负能量的表达非常重要，不然很容易转成内伤。负能量的表达，对关系也极为重要，虽然短时间内会构成很大的张力。但如果没有负能量的表达，关系就不可能亲密。化解负能量的时候，也自然地加深了关系联结的强度。

一些人建立关系，像是为了追求这种感觉——我的一切痛苦都是因为你，也有人是想要另一种感觉——我的一切问题因为遇见了如此美好的你而烟消云散。有时，这两者并存，当第二种渴望受挫后，就会变成第一种的"甩锅"。在关系中表达情绪情感很重要，但必须得知道，你的感受你负责，你的人生你负责，你是一切的根源。

作为单独的个体，需要在这个世界上展开你的自恋、攻击性和性——这三个精神分析认为的基本生命动力。而在关系中，需要真实地表达爱与恨。真实，是通向真爱的唯一途径。

爱，是接纳你本来的样子；优秀，本质上是为了获得更好的生存机会。所以，有这样一个扎心的道理：你永远不会因为优秀而被爱，你会因为优秀而被需要。

(15)

觉知的力量

/

"觉知既是开始，也是结束。"克里希那穆提如是说。觉知像是一切。你没发现觉知的力量，那是因为你还没有觉知。不过，觉知总是和体验水平联系在一起，当你的体验没准备好时，真正的觉知不会发生。当体验没有展开时，觉知看上去再奥妙，也必然是浮于表面的。

太多人不敢直接亮出自己，是因为有这样一种错觉（也许是深刻的真相）：不呈现真我，而是活在虚假自体（头脑）中，这样被灭时，灭的就不是真我，所以真我像是被珍藏了一代又一代没有活出自己的人。很多父母拼命地抚养孩子，期待他们实现自己没有完成的梦想，结果又和社会文化一起，对孩子生命的真我进行"绞杀"。

做长程精神分析，或者说认识自己的漫长历程中，几乎必然的，是一个寻找敌人的过程。最初，这个敌人可能在远处，如权力体系。慢慢地，这个敌人越来越近，如原生家庭。然后你会发现，它在各种贴身的关系中都存在着。最后你发现，它在你自己的心中，而且是你人性中非常宝贵的一部分。**人性中一直被你拒斥的，终将要去拥抱。**

人总是与外界有各种互动，这至少有几个层面：思维、身体和情绪情感。

身体和情绪情感的互动，我们很容易感知到其中

的力度。当这两个层面有太多入侵时，我们会去做选择。当然，这是明智的人会做的事。也有很多人，当身体被攻击、情绪情感被虐待时，不知道远离，不知道"屏蔽"，不知道还击。总之，不知道保护自己。如此，他们的身体和心灵会被伤害，会呈破败之势。

信息层面其实也会。在最为敏感的个案那里，我看到，因为他们的自我很脆弱，所以他们能深切地感知到，不能掌控的信息的涌入是一种严重入侵，会导致他们有死亡焦虑。

这会带来一些看起来糟糕的东西，例如，他们不能读书，不能系统地吸收知识，于是思维的成长就停滞了。

但这也是一种保护，因为当他们试着放开控制，允许更多信息涌入时，他们会体验到崩溃。

普通人因为有比较好的自我，所以不会感知到思维层面信息的涌入会带来什么，貌似自己没受到太多影响。但仔细观察自己，你会发现，信息可能在"淹没"你，让你陷入一些莫名的焦虑中。

并且，信息是可以轻易跨越时空的，而假如信息的涌入超出了你的负荷，你会远离你的生活和工作，而将时间和精力消耗在和你基本无关的信息上。你的内在会觉得，好像这一切都是和你连在一起，但其实，这很可能是错觉。

也许关键是被动与主动吧。被动地接受身体、情绪情感和思维的信息涌入，都是忘记了你自身的主动性。

被动地淹没在他人制造的信息中，还是主动去选择你想要的信息，并且设定信息涌入的时间和空间，这会导致两种截然不同的人生。当然，在设定时间和空间这些边界后，就要欢迎信息的涌入，而且享受它们"淹没"你、"超越"你。这时，如果能体验到something more than yourself，那将是无上的愉悦。

16

思维系统和视觉心像

/

人有两套思维系统：初级思维系统和次级思维系统。初级思维系统的语言是图像，次级思维系统的语言是文字等符号。并且，孩子必须从初级思维系统升级到次级思维系统，这样才能比较好地思考和交流。

但是，一切有创造力的事物都和初级思维有关。例如，爱因斯坦思考相对论时，直接使用的是画面式的思考方式。纯符号系统的思考难以有创造力。心理咨询中，经常讲的意象就是这个东西。梦中充满画面感。视觉，据说占了人九成的注意力……这些都是在说画面的重要性吧。

这一点在孩子身上会清晰地展现。例如，很多小孩子有"照相机记忆"，他们看一遍东西，就能把画面完整地记住。这是初级思维系统的特点。可是，随着年龄的增长，这些在成年人看来是特异功能般的东西会不断退化，甚至都忘了自己曾经也是这样。因为，人得发展出次级思维系统来。

次级思维系统可以视为符号系统，对应的初级思维系统则是真实系统。符号系统将所有存在都用符号来代表，信息也许只留下万分之一，甚至都远远未到。这看起来是信息的巨大损失，但带来的一个巨大的好处是，人可以在符号系统上放眼世界，乃至宇宙。符号系统真像是可以容纳一切，至少一般人也可以选择深入一个领域进行探索。因为信息做了巨大删减，只留下了符号。这导致了思维的便利性：一切你都可以思考了。

所以，思维和知识是如此重要。

但是，思维不能脱离画面，不能脱离体验，不能脱离真实，否则就成了无源之水，甚至变成了空洞的东西。这时候，你只可以学习、模仿，但无法创新，因为创造力只属于初级思维系统的真实系统。

世界与人性就是如此奇妙，而"我"可以在其中遨游，这是多么美妙的事。

　　有研究发现，通过想象用正确的方式打网球，甚至好过实际训练。因为实际训练时，你的动作仍然沿袭着自己的一些惯性，想象却可以避免这个问题。

　　通过想象，让你心中先形成一个"心像"，这非常有力量。要理解这份力量，可以先来谈谈一个词语——"愿景"。愿景和目标不同，因为愿景已经有了"图景"，即心像。

　　当你有一个目标时，你需要问问自己，这是一个头脑或意识层面的东西，还是发自内心的。如果是后者，那么你会看到，你内心已经有一个图像般的目标，所以才叫"愿景"。

　　如果目标达到了"愿景"的级别，那么你在追求这个目标时，热情、动力和内在的满足是非常不一样的。如果目标只是一种纯理念的，甚至只是一个意识上的东西，你会发现，在追求这个目标时，你容易没感觉，还会很累，总是需要你去调动自己的动力。

次级思维系统的好处是，可以形成抽象的思考、推理等，但初级思维系统的图像才有原始的感染力。

甚至可以这样说，你总是先有某种视觉心像，然后才有外化的生活。人的一生，也像是不知不觉中内在视觉心像展现在生活中的过程。当然，这不绝对，如果你很容易受别人的影响，那么这个过程就没那么纯粹。

例如，对我而言，写作和旅游、摄影都是实实在在的愿景，所以这些事情成了我生命中的重要主题。

至于开公司等，我其实只有头脑意识层面的目标，并没有真正的愿景，所以我必须与人合作——

与有这种愿景的人合作。

视觉心像说起来很简单，但如果真做想象练习，你会发现，真正细致地去想象一个画面，这并不容易做到。幻想很容易，就是想象一些大致的画面，但想象一个非常清晰，简直就像身处其中的画面，这很不容易。如果这样的想象不符合你内心早就形成的逻辑，你会发现这样的想象会异常困难。

所以，你可以去尝试，在那些你已经有些感觉，但你的视觉心像模糊的事物上，做视觉想象练习。你会发现，这非常有力量。

心理咨询领域的一个常见的术语 —— 意象，也可以说是一种视觉心像。如果常探寻自己的梦、潜意识，或尝试绘画治疗、催眠等，你会发现，每个人都有一些富有重大意义的意象。而理解它们，就像在破解你人生的隐喻。

从想象到现实

/

想象和现实是很深的一对矛盾。想象是否能深入现实，那要看想象力发挥的作用有多大。想象也容易变成创造力。

如果想象成为头脑（思维）的自嗨，那么就会变得没有什么意义，它唯一的价值就会是满足自己的需求。也就是说，我有一种需求——通常和全能感有关，但现实不能满足，于是我直接通过想象去满足自己。

这样的想象就背离了现实，或者说完全脱离了现实。它也只能满足自己，其实连自己的心灵都不能触动，心灵会看着头脑编织的这场大梦而无动于衷。

这时，"我"之想象和"你"之事实就构成了背离。如果我想把自己的想象强加给你，那就成了施加偏执性的暴力。

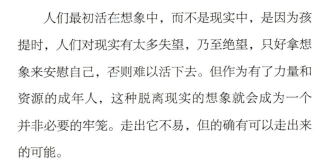

　　人们最初活在想象中，而不是现实中，是因为孩提时，人们对现实有太多失望，乃至绝望，只好拿想象来安慰自己，否则难以活下去。但作为有了力量和资源的成年人，这种脱离现实的想象就会成为一个并非必要的牢笼。走出它不易，但的确有可以走出来的可能。

　　当然，你也不要强行去破坏别人的想象，那意味着你也是妄图把你的想象强加于人，的确有一些人需要活在想象中。

　　让事情在现实中完成，而不是在想象中生灭。太多人在琐事上严重拖延，就是因为在想象中操作这件事。如果这件事在手边就做了它，而稍有时间延迟和空间阻隔，就感觉到完美被破坏了，于是不做了。那些看似琐细的事，其实常是真能满足自己的重要之事。

18

放下头脑，信任身体

/

　　头脑里源源不断出现的、一刻都不能停的念头，是最常见的防御，防御自己碰触存在。当你安静时，你会观察到一个又一个念头的运转——所有人都会这样。但当你发现你像是被一个又一个念头追赶，而完全不能安静下来时，你可以问问自己："我在防御什么？"

　　人都在寻找镜子的回应，而念头是容易制造出的回应。一个问题升起，一份焦虑产生，而立即在念头上寻到答案，然后答案又成为问题，就再次寻找新的念头层面的答案……这个游戏可以不断地玩下去。

　　当不再用念头回应念头时，你的思维会出现缝隙，存在因此而自然呈现。

当头脑成为你的主宰时，它就会成为一个暴君。因为头脑可以闪电般推理，看到正确而伟大的各种可能，而体验要慢很多。于是，在头脑看来，体验太差、太慢了。这时，头脑的这种评断对真实体验就构成了一种暴力。

头脑中有很多低效运行的程序需要改进，或者关掉。

这里就有一个基本矛盾：当你不能在现实世界（关系世界）充分展开时，你就会退缩到头脑世界（孤独想象），太多头脑中低效的纠结因此而产生。你的头脑会一遍遍推理、演练各种可能，想尽办法减少在现实世界里的冲突与损耗，结果损耗了大脑。并且，这些东西会成为缠绕在一起的线团一样的混乱思绪。

例如，当面临一件重大的事情时，有人仍能从容地做时间管理，该吃饭吃饭，该睡觉睡觉，该玩则玩，这件重大的事情只占据了他的部分时间。有些人的时间则会被它完全占据，其头脑和心神无法腾出空间来很好地容纳其他事情。

更严重一些的是，有人不管重大事情还是普通琐事都会这样，所以头脑被一堆乱七八糟的思绪给占据着。

这和控制感有关。当一个人觉得自己能控制重大的事情时，他就能把这件事情有效地控制在合适的时间段内去处理，而不会让它蔓延到所有时间里。当觉得控制不了它，而它又超重大时，就几乎没办法不被它"淹没"、掌控。

当然，这时你仍可以试着去管理它。例如，在重大的压力下，你每天仍可以拿出半个小时的时间去做一些可以让你放松的事情。就算天塌下来了，也要这么做，以此对压力表达蔑视。"我"并没有被"你"完全占据，"你"只是"我"世界里的一部分。

　　还有很多时候，是你缺乏一种感觉——"必做的事我一定会把它做了！"当你没有这种决心或习惯时，你就整天在头脑中自觉不自觉地"想"这些事情。如果有了这种感觉，你就会变成干脆、利落的人，你深知自己会在合适的时间把必做的事做了。这种感知会让你停止整天无意义地瞎想。

　　当你总觉得时间不够用时，常常是因为你没有进入深度关系，你是"浮在水面上"的。

　　例如，如果你总是在刷网页，总是忍不住想消磨时间，那必然意味着，你把工作和生活视为一种被迫，你不愿深入。因此，工作和生活总是让你疲惫。所以，你需要消磨时间，需要刷网页，"浮在水面上"，这种漂浮让你有一种感觉——"我在掌控，我在选择"。

　　但是，当你深入存在，能与工作和生活建立深度关系时，你会发现效率极大地提高了，你的时间好像多了很多。当你还能砍掉各种不情愿、不必要的事情时，你与你主动选择的工作和生活的关系，就变成了一种超深度关系——它们是一个很少被"切断"的连续体。这种连续感给了你一种很深、很美妙的感觉，于是你情愿主动工作和生活。它们本身就是一种奖励，你甚至无须额外的奖励。

身心合一地做成一件事，会有一种舒爽的感觉，它是对生命力的滋养。并且，因为是身心合一，即思维和体验的合一，当进入睡眠时，身体有意识的运动就停了，思维的运转也停了。这时，人会进入高质量的睡眠。

睡眠有"清洗"的功能，从好的睡眠中醒来，你会感觉到神清气爽。但是，太多人从睡眠中醒来时，只是身体上好像得到了一点休息，可仍然很累。

仔细辨别后会发现，那主要是心神的累，而不是身体的疲惫。

所以，要去锻炼自己的身心，这样可以在进入睡眠时，不仅身体有意识的活动可以在最大程度上停下来，思维的活动也会在很大程度上停下来，你就可以借睡眠休息了。

如何让思维在睡眠前停下来？可以这样思考：任何一件事都是一个独立的生命，那些你根本不想进行的事，你就可以在睡觉前对自己说一声"让这件事就此完结吧，让它死掉吧"。

未完成的事会很消耗心神，特别是那些你各种纠结的鸡肋般的事。如果这种事在你的思维中运行了很久都没有结果，那它真的会像程序一样占据你大脑的内存。放下它们，结束它们，做自己生命中的死神——"我"主动"杀死"了这些事。

更高难度的是，好好去伸展你的生命活力，酣畅地去表达。这会和体育运动一样，把劲儿使透的人，会在休息时非常舒爽。好好伸展了生命力的人，也会如此。

如果总是去做无效的事情，总是在头脑中"动"，而没有在身体和现实上"动"，头脑就容易成为无法暂时关机的电脑。若不想头脑成为这样的机器，那么：

一、头脑中一直想做的事，在现实世界追逐它，在真实关系中体验它；二、头脑中一直不想做的事，在现实世界结束它；三、那些纠结犹豫的、好像左右都差不多的事，随便选择就好，不要总让头脑去运行一直持续的低效甚至无效的程序。

大多数人的生活习惯构成了一个循环系统，这个系统不仅有能量的摄入，也会想办法去消耗或者"杀掉"多余的能量。必须用"杀掉"这个词，才能表达这个意思。

　　生活习惯构成的循环系统，和人格水平是关联在一起的。人格水平能容纳自己习惯的（与自己匹配的）能量，如果能量太多，释放不掉，又不能升华，就会指向自己不习惯、不匹配的目标，这会引起极大的焦虑。当多余的能量被"杀掉"后，焦虑就会减少。

大魚讀品
BIG FISH BOOKS

让日常阅读成为砍向我们内心冰封大海的斧头。

成长

和另一个
自己
谈谈心

武志红————著

中国友谊出版公司

development

真自我和假自我

有真自我的人，他的自我围绕着自己的感觉而
构建；有假自我的人，他的自我围绕着他人的
感觉而构建。

目 录

Contents

① 自我之壳 · 006 ·

② 皮肤的隐喻 · 010 ·

③ 自我攻击 · 012 ·

④ 自我破碎者 · 014 ·

⑤ 假自我 · 017 ·

⑥ 集体性的假自我 · 021 ·

⑦ 裸身梦和虚假自体 · 024 ·

⑧ 假自我形成不了存在感 · 030 ·

⑨ 将他人视为自身的一部分 · 032 ·

⑩ 只有目标综合征 · 037 ·

⑪ 你是环境的响应器，还是主动的创造者？ · 040 ·

⑫ 自我的疆界 · 042 ·

⑬　内聚性自我　　　　　　　　　　·043·

⑭　核心自我的诞生　　　　　　　　·048·

⑮　主体感　　　　　　　　　　　　·052·

⑯　哪里有问题，一切都是存在　　　·053·

⑰　真自我　　　　　　　　　　　　·055·

⑱　逃离真自我　　　　　　　　　　·056·

⑲　自我观察与自我觉知　　　　　　·058·

⑳　扩展你的觉知　　　　　　　　　·060·

㉑　尊重你自己的感觉　　　　　　　·062·

㉒　找到真实的自己　　　　　　　　·064·

㉓　生与死的隐喻　　　　　　　　　·068·

㉔　生命的存在只能"体验"到　　　·074·

①

自我之壳 ▲ ▲△ △

/

　　可以这样来想象自我：它就像一个容器，容器内有水。容器的壳是一种保护，水就是生命力。理解了容器和被容之物的形质，就可以直观地理解自我了。

　　不能简单地把容器理解为"壳"，可以这样来想象：容器就像一栋房子，或一个家。那么，你的房子或家是怎样的？

　　例如，经典的房树人绘画投射测验。你画一张画，至少要有一个人、一栋房子和一棵树，其他的随意发挥。一位女士的画中，房子只有窗户，没有门。那意味着，她从未邀请过别人进入她的内心，现实也的确如此。我还见过一张让人印象深刻的房、树、人的画，画中的房子算不上房子，只是一堵残缺的墙，树被锯子锯断了。一问，是一个孩子画的。他的父亲很暴力，被锯断的树就是孩子被破坏的生命力。而那堵破墙则意味着父亲频繁的暴力入侵，让孩子根本构建不了一个自己说了算的安全空间。

你最初的自我的壳，就是你对自己家庭的内化。你的家庭关系内部动力是怎样的？父母或其他人是怎样对你的？你的家庭在面对外部世界时又是怎样的？例如，你的父母能保护家吗？如果父母向内，呵护你的自我，做了你的容器，允许你的生命力酣畅地流动，同时，父母向外时又是有力量的，能保护家庭，又有热情，欢迎自己喜欢的客人进来，而不欢迎的，又能赶走，那会是一个很好的家。这个意象会被你内化，让你形成一个可靠的自我之壳，而这个壳又是可以自由关闭和敞开的。

你真的可以这样来理解你的自我之壳。当然，"壳"这个词怎么描述都不够贴切。你可以直观地想象，它就像一栋你拥有的房子。那么，让你特别有感觉的房子是怎样的？你一直憧憬的房子又是怎样的？

不要找那种大家都认为好的房子，而是找特别能打动你的。

例如我自己，长期以来一直有这样的画面：左边是森林，右边是一个大湖；森林边上凸出来一个小小的半岛，上面有一栋房子，房子不大，但很完整；有一条弯弯曲曲的绕湖的路穿过森林，可以出去。真像一个现代隐士的家。

家必须有保护的作用，不是谁都能进你的家。另外，家也有各个空间，最隐私的空间不是谁都能看的。就像你的内心，没必要对谁都敞开。当这样做时，你可能根本没有自我保护的意识，之所以没有，是因为自我保护不被允许。

不过，任何一个人都有非常隐秘的空间。当你特别有意识地保护自己时，就可以有一个被你充分意识到的隐秘的空间。如果你总是敞开自己，那么必然有一个你意识不到的隐秘空间藏着你的无数秘密。当然，这就是潜意识。

自我之壳，需要功能分化而完善。然后，在这个安全的、自己说了算的空间里，你就可以做一件非常重要的事：安放你的生命力，或者说，安放你的"心"，让你的生命力的一切表现都可以在这个空间里流露，并观察和修炼。其中，一项基本修炼是，修炼分辨善与恶、黑暗与光明。

会有这样的时刻：善与恶觉知得很好了，用觉知之光充分照亮了自己的内在黑暗。这时候，自我之壳就可以全然放下了。但如果一开始就把自我之壳放下，那就是自欺，又意味着你一开始就放弃了自己。

照顾好你自己，照顾好你的房子、你的家，选择你真正愿意接纳的人进出，这是基本点。如果没有这个基本点，那就从这儿开始。

皮肤的隐喻

/

　　对自我之壳最好的形容就是像皮肤一样，完整
而有弹性。心理自我的这个壳也会部分地映射到身体
上。一些人的自我之壳如同树皮、石头一样僵硬，而
这种僵硬也会在皮肤上有一定的呈现。

　　皮肤是我们身体的表层，它将脆弱的肌肉、血
管、内脏等包裹起来，对其形成保护。皮肤的第一个
隐喻是边界，如果你守不住自己的边界，你的边界总
被入侵，那么你就容易得各种皮肤病。边界的意思很
简单：我允许你靠近，你才可以靠近。不能对别人简
单说"不"，就意味着你守不住自己的边界。

　　皮肤还有一个心理隐喻就是亲密。所谓"皮肤饥
渴"，指的就是对亲密的渴求。如果亲密的渴求得到
了相应的满足，那么皮肤就有被滋养感。我见过一些

个案，他们在成年后仍然严重缺乏亲密抚触，皮肤变得非常粗糙，甚至生一些让皮肤变粗糙的病。

如何树立边界是一个难题。孝道文化下，孩子很难对父母说"不"，学生对师长、下属对上级也一样。并且，受脆弱的面子心理的影响，哪怕是对等的关系也很难说"不"。再者，我们的文化是共生文化，到处都在讲自我牺牲与融合，而轻分离与独立。

自我牺牲，自我批判，如果不是自愿的，那就是严重的边界被入侵。这两种现象的逻辑是，我不仅要理直气壮地入侵你，你还必须心甘情愿地接受。突然想到，曾国藩每天严格地自我批评，或许正是他得所谓"龙鳞病"的关键。

3

自我攻击

/

　　很多人失眠，原因是晚上头脑会特别清醒，会想很多事。在这种情形下，他们最常想的是："某事没做好，是因为我有多不好，为什么我就这么不好？我要是好一点，事情就不一样了……"其中占主要部分的内容，是自我攻击。自我攻击是最没有意义的事，你未必能让它停下，但可以告诉自己，这种自我攻击不是真的。

　　这种反思与自我攻击是自我归因。自我归因藏着这样的逻辑：其他人、其他事物我没法控制，但我能控制我自己；如果我好好改变自己，事情就能朝我希望的方向发展了。这是孩子式的自恋心理：所有事情都是我导致的。

　　与孩子式自我归因对立的，是成熟、客观地看待事物。能看到自己的责任，也能看到别人的责任。而更重要的是，无论事情如何不顺，都不要攻击自己，而是如实地看待自己、安抚自己，并寻求支持。可以说，自我归罪的对立面是自爱。

让人挫败的事情发生后，正确的处理方式是：在事情的层面上自我归因，但不过分，同时也能客观地归因外界；情绪层面上自我安抚，并寻求他人的支持。同时，让一些必然出现的情感（如悲伤）得以流动。并且，不管如何归因和有什么样的情绪，都要自爱。

当干了蠢事后，请放下强烈的自我攻击；当遭遇挫折时，请放下严重的自我贬低。强烈的自我攻击是自我脆弱的标配。各种不顺的事出现时，很容易出现自我攻击。因为已经形成了习惯，所以自我攻击不能不让它升起，但当觉知到自我攻击出现时，可以对自己说："停！这种自我否定、自我攻击不是真实的。"

　　激烈地谴责别人，或激烈地自我攻击（如自毁式忏悔），其实都是蠢事与挫折对脆弱的自我构成了一种摧毁，所以必须找一个责任人对此负责。当这样努力时，意味着自我反思是不可能了，所以改变也就基本不可能了。

④

自我破碎者

/

　　若被无爱的目光凝视过，一个人的自我就不能成形。 自我未成形的人，会感觉像在泥潭里挣扎，交际与做事都要付出巨大的努力，无比辛苦。他的心是破碎而凌乱的，他的身体感觉也是破碎、凌乱或麻木的。

自我未成形，意味着难观察自身，也难观察别人。比如，一个女孩在背手时吓了一跳，因为感觉不像自己的两只手在碰触，而像别人的手在碰触她。她的身和心未被看见，所以就像不存在一样。一场好的恋爱拯救了她，爱即看见，她最终能完整地看见自己的身与心了。

妈妈是孩子的镜子，人与人也互为镜子。我们都是先在别人的镜子里看到自己，然后才感知到自己的存在。面对身心破碎的来访者，咨询师如果能做好温暖的容器，准确共情，来访者就会自然从破碎走向整合。整合也意味着他们内化了一面镜子，可以观察自己和别人了。

自我破碎，不是比喻，而是一种准确的说法。比如，自我破碎者会梦见一个鲜血淋淋的婴儿，也有人在恋爱失败后梦见自己将自己肢解。原来不太理解为何有些人的梦中总出现断手断脚等破碎的躯干，现在才知道，其实是他们的身体感觉是破碎的，没整合在一起。

自我破碎者，首先会将精力放在维持自我不散架上，所以缺少心灵空间。这导致他们在与人发生冲突时，难有空间自省，也难容纳对方。这也是因为他们对敌意太敏感，并且，他们会将不同的意见和意外都视为敌意攻击，随即自我有散架感，于是他们反击。这就导致他们让人感觉很难相处。

所以，自我破碎的人会找那些自我稳定如磐石的人。而自我稳定如磐石的人，也需要自我破碎者的攻击，好让自己僵硬的自我被打碎，然后重整。

好父母和家犹如一个有回应的容器，孩子的活力（如欲求、爱和恨）都可以在这个容器里流动，并且能得到很多回应。久而久之，容器内化到孩子心中，就构成了一个自我保护层，而回应的质量则决定了这个保护层的弹性。

5

假自我

/

　　婴幼儿时，孩子是可以按照自己的感觉来，还是淹没在父母的意志与感觉中，这是一个重要的命运分界点。前者是以自己的感觉构建的自我，即真实自我（真自我）；后者是以别人的感觉构建的自我，即虚假自我（假自我）。

　　虚假自我的形成，既可能是父母的意志太强，一贯地逼迫孩子在各方面听自己的，也可能是父母自己的世界崩塌了。他们的自我兜不住自己的情绪，于是负面情绪喷涌出来，将自己、家庭和孩子都淹没了，使得孩子尽力用自己小小的心灵去容纳、消化和处理父母的情绪，于是无暇顾及自己的感觉。一旦形成虚假自我，一个人就太容易考虑别人，本能地服从别人，从而严重地失去了自我。一个孩子必须能将"我"的感觉展现在这个世界上，才有存在感，即"我活在这个世界上"。养育孩子，得养育出孩子这种基本感觉。考虑别人的感受和以别人的感受为中心，这完全是两码事。如果既以自己的感受为中心构建自我，又能考虑到别人的感受，这是自然而然的高情商，属于比较完善的人格。但以别人的感觉为中心，就是失去自我。

失去自我的人很难活在当下。

活在当下，是很难得的智慧。这意味着，你和当下的一切在一起，与当下的存在，包括你自己，建立了全然的联结。这也意味着你接纳了一切。它的对立面是拒绝当下，最严重时会出现所谓"双重束缚"：

你既不能在这儿待着，也不能在那儿待着；你既不能 A，又不能 -A。甚至会是，你不能待在任何一个位置上。例如，有一个来访者，当他每个月的收入是八千元时，他觉得工资低了。可当他的月收入是一万元时，他又觉得高了。而如果是九千元，他还是觉得不对。总之，他好像觉得怎么都不对。

这会让人这样理解：你的自发性绝对是错的，选择在任何一个位置上都不可以。

有时，这是因为权威的否定。例如，很多人会发现，他们好像无论怎么做，父母都不会认可他们，总能找到对他们批评和攻击的理由。这里面藏着一种感知 —— 你完全符合我们的愿望就可以了。可问题是，父母也是这种人，他们也不能接受自己待在任何一个位置上。

这就好像有死神在追赶着你，你不能选择在任何一个位置停留。选择了，就会固定下来，然后死神就可以抓住你，攻击你，杀死你。

　　这是一种很难描述的感觉，如果不是做咨询做得深入，我真的理解不了这种感觉。同时我也发现，我身上其实也存在着这种感觉，如既不能穷，又不能富，还不能是中产阶级……

　　从这个角度来看，养育孩子，其实最好是鼓励孩子自由选择，即尊重每个个体、每个家庭的自发性，可以鼓励和支持，但不要轻易使用惩罚措施。惩罚措施，就像死神的隐喻。

　　也许这种感觉从根本上是对自发选择的否定。

　　哪儿都不能待着的底层逻辑是，我希望我的选择百分之百完美实现，于是，我就不能做任何真实的选择了，因为一做，必然就有错。这会引出一种怪象：我不去做选择，但我管制你的选择，同时又可以不为这种管制负责。这时，就有了管制的自由。

　　因此，你会看到，自己的人生一塌糊涂的父母，在管制孩子时常常非常霸道。因为他们觉得自己不需要为管制负责，而一切过错都该怪到孩子的选择上。如果这种父母明白要为他们的管制负责，他们立即就会不管控了。

当自发性荡然无存时，你会感知到你不是你自己，你无法认同这个没有自发性的假自我。这时，你会做出一系列看似无序、低效的行为，就是为了不被这个假自我控制。例如，拖延、迟到、记性变差等。

⑥

集体性的假自我
/

集体主义群体中，你必须低调，除非以一种方式高调 —— 成为好人，即你的所作所为都是为了别人。只有这种舍弃自我的高调才被允许，其他个性化的高

调都会被讨厌、被打击。因为集体主义只允许集体
性自我存在，个性自我意味着对集体自我的挑战和
背叛。

消灭一切个性，才能形成完美共同体。所以，个
性是共同体的敌人。看来罗素那句话真是深刻啊 ——
"须知参差多态乃是幸福本源"。

所谓"参差多态"，其实就是个性化。每个个体
可以根据自己的意愿自由伸展，在没有伤害到他人的
情形下，他有做自己的自由。自由了，就会自在。自
在了，就会幸福。说来说去，还是那个意思 —— 你
可以做你自己，而不是被别人或共同体控制。

没形成个性化自我的人，独自存在时会感觉到破
碎，所以必须归属于一个集体。"我"由此就归属于
"我们"。"我们"即一个群聚性自我，当万众一心时，
这个集体会非常有战斗力，道德水准也会很高。大家
都会维护这个共有的"我们"，但会排斥个性化 ——
这有瓦解"我们"的可能，所以会是千人一面。

　　每个"我们"刚形成时，都像一个理想的共同体。但人必然是有个性与私心的，这一点越来越强时，"我们"就会瓦解，然后散落成一个个"我"。这时，道德会严重滑坡，即"我"不再捍卫"我们"。

　　道德较稳定的人，是有个性化自我的人。而从"我们"瓦解出来的"我"，他们的世界，其实分成两部分：我与非我。谁没和他们属于同一个群体，就会被他们视为非我。而对待非我，他们觉得怎么做都不过分。

　　自我发展水平较低的人，心灵是破碎的，所以最想与人构成一个集体性自我；自我发展水平较高的人，心灵较完整，所以对集体主义有各种抵触，但在集体主义运动下，他们容易被碾碎。前者在新集体构建后有道德感，但不稳定，而后者会有较稳定的道德感。

　　一些集体主义运动也有其可取之处，甚至在《狂热分子》的作者埃里克·霍弗看来，人类社会的巨大变化，都有集体主义运动推动的作用。只是，好的集体主义运动不能将其主张放在个人利益之上，即不得以任何名义侵害个人权益。

7

裸身梦和虚假自体

/

裸身梦，即梦见自己在公共场合没穿衣服，或敏感部位的衣服没穿好。

例如，我经常梦见自己一丝不挂，有时候是在公司，有时候是在学校，还有的时候是在开会。十几年来没停过。

这种梦，我们很容易联想到性。的确与性有关，但更直接的理解，是对呈现真实自体的羞愧。

这种梦中，很特别的一点是，只有你注意到自己没穿衣服，并为此很羞愧，但别人都没注意到。

如果真是和性有关的梦，会和诱惑有关。那么梦中，你不仅光着身子或部分裸着，还会被别人注意到，并且别人有被诱惑到的感觉。

但是，通常的裸身梦中，别人是注意不到你的，所以没有诱惑。在这种情况下，裸身梦是对真实自体的羞愧。

简单讲一下"真实自体"和"虚假自体"。

自体即 self，而自我即 ego。前者是一种完整意义上的"我"，后者是头脑自我。

如果一个人真切地把"我"感知为身体和头脑的整合体，那这就是真实自体；如果一个人基本上把理性的思维视为"我"本身，那就是虚假自体。

简单来说，脱离了"身体"的自体，就是虚假的。之所以如此，是因为觉得"身体"充满羞愧，这就是"裸着身体的梦"的直观理解。

"失去人性，失去很多；失去兽性，失去一切。"对于这句话，我的理解是，如果一个人太懂事、太文明，就意味着活在文明的条条框框中，而失去了他的身体，这是巨大的缺失。

之所以失去与身体的联结，是因为我们的生命动力——自恋、性和攻击性——都有生物性，都和身体有关。

一个人之所以形成虚假自体，是因为太多时候，当发起生命动力时（这时都是渴望在关系中被重要的他人看到），没有得到回应，即没有被看见，于是这次经历就化成了羞耻。这种经历太多的话，我们就会倾向于把真实自体隐藏起来，不再渴求被看见，但潜意识中这份动力还是非常强烈的，而"没有被看见的真实自体（身体）"就充满了羞愧。

人最难承受的一种感受，是自体虚弱带来的羞耻感。例如，你对一个人很好，那个人却无耻地利用你，并羞辱了你，而你不能很好地还击并保护自己。这时，你会觉得自己很虚弱，同时也会斥责自己怎么这么愚蠢！这种心理如果不能化解，一个人就会走向黑暗，甚至成为黑暗，因为黑暗会让自己貌似更强大，至少更会自保。

怎么化解？办法是，淬炼自我，增强自我。想爱的，好好去爱；要恨的，狠狠去恨；要报复的，在做好自保措施的情况下，运用一切智慧去报复。同时，提升觉知，认识这一切。总之，增强自我。

感觉，是一个人活在这个世界上的证明。当你的感觉处在严重被压抑的状态时，你就会去寻找特别在乎他们自己感觉的人，围着他们的感觉转。围绕着别人的感觉转，即会形成虚假自体。不过，虚假自体在我的理解中，不是因为你把别人的感受视为自己的，而是当你远离自己的感受时，你会把头脑视为自体，头脑自体即虚假自体。这时，你容易感觉到被剥削。可同时，对方执着于感觉，也部分激活了你。除非你活出自己的感觉，否则这种矛盾会一直持续。

当你的自体有身体感受积极参与时，你的行为就会根据体验（机体感受）而直接做出。这不仅速度快，而且更忠于你的内心。当你的自体远离体验而依靠头脑时，你做出反应就有赖于头脑做推理。可是，再牛的头脑，一旦进行推理时少了一些关键因素，那么看上去逻辑再完整、再有道理的推理也是有大漏洞的。并且，头脑推理总是会慢。

活在头脑中时，自体就是虚假自体；活在感受和关系中时，自体就是真实自体。头脑或理性，真是很有意思的东西。因为感性和情感太容易偏狭，所以我们会喜欢头脑或理性，可理性很容易编织一层迷雾，让我们陷入其中，而我们还以为这叫"真实"，乃至"真理"。

过度使用头脑的人，也可以叫作"假自体"。本来，自体应该包括身体、情感和头脑，但在把头脑当作自我时，自体就成了假自体。如此一来，人们就在头脑中完成了爱恨情仇，乃至一切，这是孤独的、低烈度的、自恋的、非真实的。

有两种存在：你头脑编织的存在，它使用的词语是"应该"；真实存在，它使用的词语是"是"。当不断用各种"应该"编织你认识的世界时，你需要提醒自己：我很可能活在一个虚假的世界中。

动不动就觉得烦的人，很可能是活在头脑自我中的人。所谓"烦"，就是觉得真实世界的刺激干扰了自己的头脑和自我的掌控感。这种烦，还是来自婴儿的感知：对于孤独的婴儿来讲，多数刺激都是过度刺激，都超出了他的控制范围。

8

假自我形成不了存在感

/

最可怕的感觉之一，是不存在感。而最美好的感觉之一，是有存在感。有一女子说，有一刻，她突然感觉她的灵魂回到了自己身上。那一刻，她有了存在感。随即，她第一次想，"我足够好了，不需要变得更好了"。此前，她觉得自己活在无穷尽的痛苦中，而原因是她总在关注别人如何看她，她的灵魂也寄生于此。

这样的人缺乏爱，缺乏存在感，还将自我寄生于别人如何看待自己上。孩子不离开父母，而且无条件地认可父母，以此给缺乏存在感的父母表面的存在感，但代价是孩子失去了自我。存在感最初源于爱，最终是找到自己。假自我再完美，也形不成存在感。

用假自我建立关系的人，会觉得自己是假的，自己以此构建的关系也是假的，因此想毁掉一切。对方却未必，对方可能拿出了真心，并投入了真感情。并且，真自我与假自我并不是完全绝对的。假自我行使诱惑时，真自我也同时存在。

关系中，我与你互为镜子，我想从你这面镜子里看到我是好的。当没有信心时，我就会通过讨好、性感、权力、依赖等方式诱惑你对我好。但真得到时，我却会怀疑你是假的，因为我是假的。

所以，我们必须勇敢，拿出真实的自己，投入关系中。我们也必须有耐心，给对方自由，信任对方的自发反应。真爱，发生在我与你的自发反应中。

⑨

将他人视为自身的一部分

/

对外部的评价太过敏感时，就不可避免地涉及一个问题：别人的评价在不同程度上定义着你是谁。并且，若自我太脆弱，你的反应就只是对别人评价的一个回应而已。你对评价你的人做工作，是想让他修改他对你的评价，以此来改变你对自我的定义。

太在乎外部的评价，是还处于这个阶段：外部世界定义着你是谁。更高的阶段是：你可以反过来定义这个世界。这时，你的内在就是一个丰盛的内部世界，外界的信息通过你的内部世界时，会被吸收和转化，转而发出你的声音。

自我不够成熟时，会忍不住想和"流经"自己的一切声音较劲，会想如何处理、转化或内化这些声音。仿佛自我即世界，世界即自我。这是很深的自恋。若一个人不能很好地经营自己的小世界、自己的生活，就容易有这种倾向：他想经营这个世界。

很多人的内心都有一个苛刻的批评者。最苛刻的内在批评者，源自对现实生活中一个超自恋的重要他人的内化。这个人一直在盯着你，视你为他自身的一部分，要你按照他说的去做，而且非常绝对，你没有腾挪的空间。你若不按照他说的去做，他会超级愤怒，要么严厉地攻击你，要么他自己很受伤。这都会对你造成极大的压力。

同样地，我们需要觉知自己是不是将身边的人视为自身的一部分，绝对化地要求他们必须听自己的，否则就会暴怒。若觉知到这一点，就需要有意识地提醒自己，给对方一个腾挪的空间。否则，我们跟他们的关系就容易变成对对方的反应超级紧张，而且彼此都容易爆发强烈的愤怒。

自我觉醒，自我觉知，可自我是谁？你是否清楚你是如何定义你自己的？ 首先，我们都需要一面镜子。普通的镜子可让我们看到自己的脸，心理上的镜子则定义着我们是谁。我们需要远离坏镜子，找到好镜子。更重要的是，认识到镜子对自己的定义，然后打破它，从而获得自由。

很多人生的挫败，如失恋、丢掉工作、离婚等，之所以让我们觉得难熬，除了事实上的困难外，将这些失败归因于"我是不好的，所以才会有这些遭遇"也是造成自己痛苦的原因。这种现象很常见，甚至是关键原因。一旦放下这种归因，挫折商立即就会大幅提高。挫折商高的人，他们会做内归因，但是就事论事，绝不是自我否定。

由巨婴（成年婴儿）组成的关系中，容易有严重的人格碾轧，即某巨婴会把问题全归在别人身上，而且一定会夹杂着人格上的强烈攻击。一旦发现这些人格上的攻击，要知道这一定是对方有问题。所以说，任何轻易在人格上羞辱别人的人，都是自己的人格发展水平不够高。

敏感有两种：一种是敏感地觉知到自己和别人，但自我不动摇；另一种是敏感地捕捉到别人对自己的态度，别人对自己态度的好或坏，会引起自己内心的极大动荡。后者，即从别人的镜子里照见自己是谁。并且，多是关注别人的负面反应，于是总在惶恐不安中。

心理皮肤未构建好的人，严重时会到这一地步：任何一个人，哪怕是远远走过的路人，其只要咳嗽一声、皱一下眉头，都会认为他被自己惹得不高兴了，自己真讨人厌！其逻辑是：我发出声音、表达欲求，映照在别人的镜子上，别人不高兴，所以我的声音和欲求是错的，我是错的。

我发出声音、表达欲求，别人之镜子给出回应，

　　我以此来判断我的声音和欲求（活力之展现）是对还是错。这是极为根本的东西，我们都是在这种定义中长大的，从而形成了所谓的"自我"。若有好的回应，我的活力就会被肯定；若有坏的回应，我的活力就会被否定；若无回应，我的活力都不值得存在。

　　完美主义有两种：一种是碰触到了事物的本质，觉得非得如此表达才对；另一种是自我未成形之人，他会觉得他发出的声音与镜子的回应都得完美，才能确保其自我是对的。怎么破？第一，找好镜子；第二，破掉坏镜子对自我的否定；第三，破掉坏镜子本身。再者，常对自己说："我是好的。"

10

只有目标综合征

/

▲ ▲▲ △

你要追随你的心，而不是追随一个目标，除非这个目标是从你自己的心中生出的。

有一种病，姑且起个这样的名字吧 —— 只有目标综合征。这种综合征的核心特点是，一个人想让一个又一个目标充满自己的所有时间。他们不断地树立目标，而在树立目标和目标实现之间，则被焦虑充满。

焦虑都通向死亡。他们的焦虑是，有各种敌意力量在攻击他们的目标。因为没有核心自我，所以他们的感知是，"目标是我树立的，目标就是我，我就是目标。攻击目标的敌意力量的来源，就是我的敌人，必须和它们作战"。作战的过程很微妙，总之可以归结到一点上——目标必须实现，否则自己就输了。准确地说，是自我就死了，至少是死了一次。

虽然同为只有目标综合征患者，但有的人不断地证明了自己，可还是被焦虑充满，有的人则干脆不去树立真实的目标了，这样就可以免于被击败、被杀死，但他们一样被焦虑充满。

如此焦虑的人，本质上，他们的世界里空无他人，只有他们自己。他们感知不到真实的他人，也很难感知到他人或客体的善意。他们永远在战斗和防范，所以只能紧张着。

他们一样是陷入全能感中，觉得目标一推出，世界就必须给予绝对正面的回应，即必须得实现。否则，就是有魔鬼在恶意对待自己。魔鬼首先是他们自己内心产生的，即当受到阻碍时产生的自恋性暴怒。

虽然魔鬼首先是内在产生的，但对他们而言，外在世界的敌意是如此真切，而且他们和敌意力量只能是你死我活，所以他们必须绷紧了神经去战斗，而不敢和外界的敌意力量建立关系。

这种焦虑症的疗愈方法是，去感知别人的善意，能打心眼儿里感觉到被别人爱与接纳，然后自己也就可以接纳对方了。也就是说，可以和对方建立联结了。

到了这种时候，才可以说是活在当下。活在全能感中的人，常常觉得自己可以活在当下，但那往往是幻觉。

如果能做到这一点，一个人就会突然发现，原来在一个目标和另一个目标之间，有过程存在，自己也可以享受过程了。而且，过程中竟然有如此丰富、饱满的感受存在，太奇妙了。原来这才是生活，这才是活着……

写到这儿，我再次感慨，那些看起来特别简单的词语，其实人们能真正感知到都不易。例如，时间感、空间感，还有所谓的"享受过程"，都实在太不

易了。

当然，如果你已经能很好地享受关系，能和当下的各种事物建立联结，那享受过程对你来说就太容易了。你很难知道，这对有些人来说是何等奢侈。

(11)

你是环境的响应器，还是主动的创造者？

/

在关系中，你是环境的响应器，还是主动的创造者？环境的响应器，即我所做的都是在回应你如何对我。你对我好，我就对你好；你对我不好，我就对你不好。原因是，我最初发出的声音，必被善意回应。如果没有，我就很羞愧，很愤怒。于是，我收回自己的声音，而心中的不满，或者表达，或者不表达，但我远离你。

主动的创造者，有一个清晰的意愿——希望关系朝一个方向发展。我向你发出声音，即便没有得到我想要的回应，我仍会持续地传递我的热量。如此一来，关系就有可能朝我想要的方向发展。历史大事中、各种爱情故事中，都可看到这样主动的创造者。

是环境的响应器，还是主动的创造者？其中的关键是如何处理无回应。 环境的响应器会对无回应很敏感，并很容易将此理解为对方有主观恶意。但这多是误解，对方未必有恶意，甚至都不是无回应，而是我们发出的信号太弱，连自己都未必能接收到。

主动的创造者则在面对无回应时仍保持主动，并很少将对方的无回应理解为恶意。并且，主动的创造者能站到对方的角度看问题，这也减少了误解与敌意。当然，也有一些主动的创造者会忽略对方的拒绝。这时，偶尔也能创造奇迹。

一个人之所以是环境的响应器，是因为他还没有形成一个真正的自我，所以不可避免地会围着他人转，他人的回应决定着他的自我的生死。当一个人形成了真正的自我后，就可以成为关系中主动的创造者。

12

自我的疆界

/

控制的范围，即自我的疆界。控制感决定了一个人的自我所能延伸的空间。**一个人的自我能延伸到何处，取决于控制感的范围。**一个人生活得太简单、太宅，常是因为他的控制感只能在一个很小的空间里发挥作用。进入大的空间，会让他失控。若你身边有一个超宅之人，你会难以理解，为何他不出门、不交际、不尝试任何新鲜事物，如吃饭一年不变样。你会做许多尝试，想把他拉到更大的世界里。你以为这会很容易，却发现这简直不可能。因为对他而言，任何新事物都会带来失控感，而这会让他的自我有瓦解感。控制的，是什么？失控的，又是什么？是想象中的外部世界的敌意和自己内心的敌意。

　　超宅的人，若去一个从未去过的地方，必做细致的规划，尽可能想到一切可能发生的情形与对策，以此形成控制感。但一旦失控，他就会觉得外界看不起他，而他也容易对外界产生敌意。敌意即黑暗，失控即坠入黑暗中。

13

内聚性自我

/

　　全能自恋是和共生、混沌联系在一起的，健康自恋则和分化、边界联系在一起。一个人受全能自恋支配时，连最基本的"我是我，你是你"这个分化都没有完成，于是出现了极端对立：要么彻底自私，要么彻底无私。而从全能自恋发展到健康自恋的过程中的一个里程碑，是一个人形成了真实自我。准确的表达是，形成了真实自体，也可称为"内聚性自我"。

其实，这关乎生死问题。形成内聚性自我后，一个人就确认了一点——"我是可以基本存在的"。确认了这一点后，一个人就会在乎整体，而放下对局部包括细节的纠缠，也能接受细节或局部的挫伤。即在细节和局部上，"我"的意志可以失败，可以死去，因为"我"的存在得到了确认。

没有形成内聚性自我前，一个人会觉得每个细节上的"我"的意志就等于"我"自身。在一个细节上受挫，就意味着"我"会被杀死。所以，我要偏执地追求我的意志不被挫伤，哪怕这个细节琐碎得不得了。

例如，公交车上的那些"疯子"，因为错过站点，或零钱没找对之类很琐碎的事情，对司机进行打骂，甚至去抢方向盘。他们这样做，是要确保自己在这个细节上是对的，是可以执行自己的意志的，那样他们才能感觉到生。否则，就会感觉到死。他们把一车人，包括自己，置于死亡边缘，本质上是为了避免自己在一个细节上的意志死亡。

所以，不要片面强调自我牺牲，鼓吹绝对的无私了。人，从婴儿开始，必须先确认自己的意愿基本上是可以实现的，然后有很多个这样的细节出现，最终确认 ——"我是基本可以存在的"。这样，就可以从原初的、极端的全能自恋过渡到健康自恋。

人需要从满满的自恋开始，从照顾好自己开始，需要带着自己的意志积极地参与到这个世界里，去博弈，去爱恨，去体验成败得失，让自己的生命体被锤炼，被淬炼。然后才能逐渐形成一个成熟的、人性化的灵魂。

如果一开始就教育一个人必须牺牲自己，反对他的自私，那他就无法形成自我，于是一直停留在全能自恋中。这时，无论他看起来是无私的还是自私的，他都是极其幼稚的。

分化是和拒绝连在一起的。拒绝表示：我是我，你是你，那些混沌共生的愿望不能满足。如果孩子对父母的情欲渴望不被满足，那么就由此分化出了亲情和爱情。同样地，在咨询中，来访者对咨询师的移情不被满足，也会导致分化。

分化非常重要，先分化出你我，然后分化出各种概念。例如，在有的家庭中，孩子很大了，一家人仍半裸甚至全裸相向。他们会说："都是一家人。"这就是一个混沌、共生的概念还没分化：一家人分男女，也有性诱惑。

情感与性，必须完成各种分化。有的人一旦与另一个人建立了好的关系，就立即想建立终极关系，这也是混沌、共生。但当情感和性逐渐分化后，我们才会明白，好的关系有太多种表现形式，只有极少数关系能走到性与爱结合的地步。

美国培训师保罗·斯托茨提出了挫折商的概念，他将挫折商分成四个因子：控制、延伸、归因和耐力。控制，即不管挫败多大，我都觉得我能控制局势。延伸，即挫败感会从失败事件延伸到其他方面。归因，即内归因和外归因。耐力，就是我们常说的耐力。

耐力最重要，可耐力取决于归因的智慧。内归因即归因于自己，外归因即归因于环境。高挫折商的人容易内归因，主要是因为他们有这种感觉：我要为改善局面而负责。归因，但不归罪，既不归罪于自己，也不归罪于别人。

归罪，即事情做不好，是我不好，或环境不好。本质上是要找到破坏了这件事的罪人（坏人），把他

（或它）灭掉。一个人必须"超越"这种感觉，才能正确归因——找到导致挫败的真正原因，从而让事情得以改进。

归因而不归罪的人，是形成了抽象的内聚性自我，可以在挫败感中幸存。没形成内聚性自我的人，每次挫败都让他们觉得"我"被杀死了。所以，关键是形成一个坚韧的自我，这是一切的前提。

14

核心自我的诞生

有人做什么、要什么，都想达到完美，有人则知道分寸。比如在恋爱中，有人只要看到条件好的人就会迷上，但有人则会清晰地知道到底什么样的人才适合自己。又如在学习和工作中，有人是有重点、能聚焦地学习和工作，有人则恨不得每一方面都强，甚至最强，结果什么都做不好。

前一种人，在相当程度上还活在被全能自恋支配中，要的是"神"的境界。后一种人则有了清晰的自我，因此他要的，就是"我"这个人想要的。

从混沌、共生中分化出一个"我"来，这是分化的开始，而后分化会越来越清晰，"我"的构建也会越来越清晰。这是一个不可或缺的过程。

至少要知道，什么都要"最好的"，这个时候，你的"我"还没诞。当能有分寸、有尺度地要适合自己、让自己舒服的东西时，就意味着"我"诞生了。

个人成长中，核心自我的诞生是一个超级里程碑。核心自我诞生前，你像是环境的响应器。你对别人的评价非常在意，就会极力调整自己，以争取做到该环境里最好的。一旦核心自我诞生了，环境的变化会激发你的反应，但难以动摇你的根基。你也由此有了从环境中跳出来观察的能力与一份从容。

若母婴关系足够好，即妈妈不与孩子长时间分离，总在孩子身边，且对孩子有敏感的回应，并能包容孩子的情绪，还能守住界限，那孩子在三岁时就可以形成一个有弹性的独立自我的雏形。足够好的母婴关系可简化成两点：带有共情的回应，好的容器。

核心自我能否形成，常取决于关系的质量。若有一个温暖且有良性互动的稳定关系，你会感觉到你的心灵在迅速成长。突然有一天，你会发现自己不再被外在环境中的苛刻评价所左右，那就意味着，你终于有了自我。

孩子——特别是婴儿的世界很容易坍塌，就连饼干碎了，孩子都可能崩溃。这时，父母的共情很重要。有时，父母只要说出孩子的所感所想，孩子就会平静下来。同样重要的是，父母的情绪包容力，即父母不会因为孩子的崩溃而崩溃，并要求或攻击孩子，让孩子自己平静下来，而且一直稳稳地站在孩子身边。

"在情绪的惊涛骇浪中，有一个核心自我稳稳地站在那里。"这是心理学家科胡特对健全自我的一个说法。这个核心自我可能来自对父母的内化。若孩子在情绪的惊涛骇浪中，此时父母能带着情感稳稳地站在孩子身边，那么，孩子就可能将父母的形象内化，而获得健全自我的基石。

父母若是很容易崩溃的巨婴，那么当孩子崩溃时，他们也会崩溃。这时，父母就会要求孩子自己稳定情绪。还有更糟糕的是，父母自己崩溃时，反过来要孩子来稳定他们的情绪。这样，孩子就会形成虚假的稳定感。毕竟，这种稳定感是孩子级别的，它过于僵硬。健全自我，是既稳定，又有敏感的回应。

15

主体感

▲ ▲ △

/

　　世间只有一个你，你不能失去"主体感"。如果你自人生总是被动的，你便失去了主体感。重新找回主体感，关键在于选择时，要有这种感觉 —— "这是我的选择！"你主动做了选择，而不是为了别人好或迫于别人的压力而做这样的选择。

　　不过，要真能说出"这是我的选择"这句话，首先需要学会说"不"。

　　说"不"是如此美妙，不要急着说"是"。充分享受这份美妙后，就可以带着主体感说："这是我的选择！"

　　因为某个人，所以我不能做某个选择，或去做某个选择。如果常这样想，很可能是你已失去了你的主体感，或不敢呈现主体感，所以要假借他人的名义，去做或不做某个选择。

　　人，应该有尊严地活着。尊严，也是主体感，是生命力昂扬的一种体验。当能很好地体验到这种主观感觉时，客观物质世界上的一些体验就不那么迷人了，如物质享受、地位等。物质享受和权力，本来也只是为了保证这种感觉的。在一个社会中，当"有尊严地活着"这条路被阻断后，人就容易滞留在客观物质与权力层面，像虫子或低等动物一样活着，并且脊梁总是弯着的。而挺着脊梁的人，他们的脊梁也只是相对挺拔。

16

哪里有问题，一切都是存在　　

/

　　总有人期待解决问题，其实哪里有问题，一切都是存在，需要觉知的存在。

所有关于人的问题，都是人性的表达方式的问题。越是了解这一点，就会越不知道何为问题。试着让那些看起来很糟糕的体验自然流动，同时放下对好坏、对错、高低的评判，会发现所谓"负面情绪"和积极情绪一样美妙。心灵如星辰、大海一样充满奥妙。

那些你一直克服不了的，甚至与之斗争了一辈子的毛病，不如试试，给它们一个空间，让自己在这个空间里彻底放纵一下这些毛病。例如，你一直有拖延症，那么，不如试试，找一个时间段（如一周），让自己彻底拖延一下，绝不逼迫自己做任何事。

你身上的任何一种人格特征，都有其深意。通常，我们痛苦的是，同时有两个甚至几个声音在同一个时空里打架、较量、纠结，那不如试试，分别给每个声音一个纯粹的被容纳的空间。

17

真自我

/

有真自我的人知道自己要什么，他们的需求是特异性的。 有假自我的人不知道自己的感觉是什么，不知道自己要什么，所以，他们就要大家都要的，但希望自己要得更多、更好一些。高考的独木桥现象，就是因为有假自我的人只知道有一条大家都走的路可走。

前文提到过，有真自我的人，他的自我围绕着自己的感觉而构建；有假自我的人，他的自我围绕着他人的感觉而构建。后者的悲哀是，他自动寻求别人的感觉，并围着别人的感觉转。他为别人而活，他的身体是别人的奴隶。假自我在我们的社会里普遍存在，也就意味着，"纯净的，但与身体没有联结的真自我"一样也普遍存在。这就导致了一个悖论：我们苟活在互害型社会，却期待着绝对的好人 —— 完全没有沾染欲望（与身体脱离）的纯粹的好人。

18

逃离真自我

/

我们会想出很多种微妙的方式来逃离真自我，因为若真自我不曾被看见，那么展现真自我就成了羞耻或危险的事。印象最深的一个意象，是一位男士常梦见一个巨大的、无敌意的人，这个巨人一旦被人们发现，人们就会蜂拥而上攻击他，直到他倒地。这个巨人，即他的真自我，也就是性欲、活力、能量或感觉的集合体。

真自我（我们在每件事中的感觉与活力），若被看见、被祝福，就可转化为热情。若不被看见，那么它要么不敢呈现，并因为想呈现而感到羞耻——"都没人理你，你还总把自己的东西拿出来让人看，你有毛病啊"，要么呈现时充满绝望与愤怒，如绿巨人。

灭掉性欲（至少灭掉性魅力），灭掉攻击性，也灭掉情绪与火热的情感，而徒留一个好人外壳的人，这是最常见的逃离真自我的方式之一。真自我是危险的、可怕的，而好人则是被认可的。以此保留了人际交往能力，却失去了活力的内核。

还有一些不那么起眼的逃离真自我的方式。譬如，多位来访者会习惯性撒谎，多是无伤大雅那种。最严重的，简直想在任何一件事上撒谎。我们如果去觉知，会发现他们是为了让呈现给别人看的自己与真实的自己保持一点距离，这样别人就伤不到真实的自己了。

⑲

自我观察与自我觉知

/

　　一个人能做自我观察，其实是因为他内化了一面镜子，而这个内化的镜子，也就是最初能向他提供善意或至少能对其中立观察的人。必须澄清的是，自我批评不是自我观察。自我批评，特别是苛刻的自我批评，只会扭曲自我观察。而它的源头，是在对其进行苛刻攻击的养育者或其他重要人物那里。

　　有效的自我观察，需要有一个容纳事实与感受的空间，即头脑与心的观察。不急切地扑到事实与感受之上，而是既在其内全然体验，又在其外保持一定的距离进行观看，这两者结合在一起才会形成观察。

　　如果没有观察空间，就会出现这样的情形：我主动且强烈地邀请你对我进行评价，彻底否定或者完全肯定。这时的你，不再是你，而是和我共生在一起的。并且，一件事做好了，我就是好的，一件事做错了，我就是坏的，没有中间地带。

没有观察空间还会引出这种情形：请立即给我提建议，告诉我事情该怎么解决。因为事情分好坏，好与坏甚至决定着我这个人是否有存在的资格，所以必须立即解决这件事情。此时，被寻求建议的人会有巨大的压力，似乎也没有了腾挪的空间。

所以说，比起高明的评价、正确的建议，觉知是最为重要的。觉知是带着理解与接纳的，并且觉知对象主要是一个人的感觉。觉知，而非评价与建议，才能发展出一个空间来，让感受背后的能量在这个空间里得以流动，并与其他能量联结，这即是一种疗愈。

(20)

扩展你的觉知

/

谁都不知道你该过什么样的生活，甚至连你自己可能都不知道。所谓"人生"，就是你内心深处的声音展现在外部世界里的样子吧。而这个声音，头脑意识到非常不易。太多时候，你就是模模糊糊地信任自己的感觉，跟随内心的声音，直到它几乎彻底显现到外部世界里，你才意识到，"噢，原来我的内在是这样的"。

也许文明的发展，不是为了确认何为野蛮、何为文明，何为正确、何为错误，而是一直在发展对全部存在的认识。当强烈地否定一些事物，并不想探寻它们时，即为野蛮，是文明的反方向。

荣格说，在活着的时候，务必一直不停歇地扩大觉知的范围。个人的生命如此，集体的生命也有同样的逻辑吧。不带评判的觉知，最能扩大认识的范畴。

　　每个人目前的生活状态，往往就是他内在心灵所能呈现的最佳状态。这就引出一个推论：在你的内在心灵状态没有得到改善前，如果你只是使劲地改进你的外在生活状态，那这种改进就未必有效。甚至，对别人而言的好东西，对你来说可能就是毒药了。

　　觉知是为了流动。否则，觉知会成为"贴标签"式流动，即我发现我有这样的特点，我继续体会它，看看它还会如何。甚至说，一切理论与文字都是虚妄。文字只是一种说法，目的是引出你的感受，让感受流动。

㉑

尊重你自己的感觉

/

　　要想有真自我，就要尊重你自己的感觉，让你的心、你的感觉指引你的人生。可是，对于自我太破碎或自我未成形的人来说，尊重自己的感觉就等同于孤独。他们向内审视自己的内心时，会看到一片荒凉或黑暗。所以，他们要去围着别人的感觉转，以此来逃避孤独，找到可怜的存在感。

　　没有一个健康的自我时，就容易将自我寄托于一个外部的事物。许多女性都感觉到丈夫最不能碰的底线，就是他的父母。若说他父母的缺点，就是"犯了天条"。这不仅是愚孝的问题，也是内心空洞、外在僵硬的他将原生家庭当成了自我。内心越脆弱的人，越容易远离自身，而将自我寄托在外部世界。内心越脆弱，就会导致他越极力地去维护他的外部自我。如果太太或女友挑他父母的不是，他就感觉自己脆弱的自我被攻击、被否定了，所以要极力地去捍卫。这样的男子，他的原生家庭成员会抱团，会形成小团体。

小团体的核心，常见的是妈妈，而家里强势的孩子则和妈妈绑在一起，构成一个自恋小团体。这个团体会制造出这样一种感觉：家里的所有功劳，都属于他们；家里的所有错误，都属于别人。特别是媳妇，因为是外来人，所以很容易被排斥、描黑、攻击。

尊重自己的感觉。因为感觉发自内心，遵从了感觉，心就获得了自由。

22

找到真实的自己

▲ ▲△ △

/

多少人是混混沌沌长大的？没有真正的生命教育（如如何爱自己、爱他人），没有性与爱情的教育和榜样，没有被教导尊重自己的感觉，也没有学习一些必要的生命哲学，就是活着。而最明确的就是要挣钱和出人头地，然后就是像大家一样活着。

不知道自己要什么，就要大家都想要的，以此作为标准。并且，为了体现自己的价值，就渴望多要一些。所谓的"攀比心"，该是这样来的吧？

自我是一切的开始。太多积极的行为，是因为我说了算；太多消极的行为，是因为你说了算，而我不能失去自我。虽然人人想追求幸福和利益，但如果代价是严重失去自我，我们就宁愿不要。

一个人的自我该是这样的整合体——发达的头脑、敏感的身体和饱满的情感，即身、心、灵的整合体，这时的自我是真自体。但当一个人太依赖头脑时，身体和情感就被"剥离"了。这个人的自我就主要剩下了头脑，以头脑为主的自体就是假自体。有真自体的人，你能感觉到他的饱满，而有假自体的人，你能感觉到他的干瘪。

健康的自我，有自信，有热情。自信，是能量可以很好地流向自己；热情，是能量可以自如地涌向别人或其他事物。是否同时有自信与热情，是衡量一个人的自我是否健康的简单标准。譬如我自己，自信尚可，热情就不足。而有些对事物的热情尚可的人，做什么都上瘾，但回避人际交往。不过，人际交往中的热情更能反映本质问题。

接纳自己！悦纳真我！——这些道理你都懂，可为什么对你来说没有什么效果？因为你首先得认识你自己，而认识自己是一件殊为不易的事。认识自己，必然碰触那些痛苦，特别是伤及自尊的痛苦，这是最难的。

如果感觉自己内心破碎不堪，自己的人生也很不幸，如何破解？有两点很重要：第一，认识自己；第二，在一个有爱与接纳自己的环境中认识自己，至少有一个爱自己与接纳自己的人。少数极其不幸的人可单独完成自我认识，但多数人需要在温暖的环境中认识自己。专业的心理帮助很重要，在生活中寻找温暖也很重要。

把真我隐去，以假面具面对世界，真我就躲避了攻击、非议和挑战，但也因此失去了淬炼的机会。

我们太急着解决问题，然而，没有问题，都是人性的展现而已。让所谓"问题"得到理解，让有问题者得到支持，一切就会自然而然地"演化"。在得到理解和接纳的情况下，最好的演化就会产生——一个人得以成为他自己。

最好是，人一直在遵从自己的本心，走自己的路，路上有理解、陪伴、支持，而不是各种对你的期待，对你的控制、干涉和塑造，甚至"强力打断"。最好的人生，都是指向成为你自己。当然，现实世界会有各种入侵。这时，请谨记按本心走自己的路。

23

生与死的隐喻

/

    生与死的隐喻，藏在各种生命的细节中。例如，如果只在乎结果，那么你其实是在避免死亡焦虑。结果如你所愿，你就感觉到生；结果不如你所愿，你就感觉到死。并且，结果即便如你所愿，也只是一瞬间的事，所以即便享受到生的感觉，也很短暂。

    相反，如果你能享受过程，体会到过程中与外部世界万事万物的联结，以及由此产生的种种感受，能常常体验到活在当下的感觉，那就会完全不同。

    在普通层面上能体验到活在当下，是因为你确认了你的"我"是可以存活在这个世界上的，即一个抽象的、心灵层面的自我有了存在感。这种存在感的确立，让心灵不再时刻挣扎于"我"是生还是死的焦虑中，而有了余暇去打开心灵，体验一切。

除了生死，都是小事，可生死的隐喻无处不在。最基本的生死感是，你发出一份动力：它得以实现，即为生；它没实现，即为死。

然而，死和生一样重要，你需要体验生能量，也要体验对死能量的把控。例如，你发出一份动力，如果它的确太不现实或不合理，你也可以主动让它死掉。

人很不愿意控制自己。所谓"控制自己"，就是克制自己的动力，让它死掉。如果克制成为生命的一种基本色调，那意味着死能量在彻底把控着你。然而，如果可生的时候生，须死的时候死，这样掌控（或顺应）生能量与死能量时，人就活得明智，且更为自由。

未酣畅淋漓活过的人，即被死能量"憋住"的人，试着去释放你的"洪荒之力"；被欲望淹没而不自由且时而作恶的人，试着去接纳死能量，顺应它。

　　还有一个道理是，如果只追求生能量，而屏蔽死能量，那么你之外的世界会提供死能量给你。这时，你的体验会是，外部世界把你灭了。但这也可能是你的内在追求死能量时，投射到外部世界的结果。

　　生死隐喻可以这样想，头脑与身体的关系也一样。当头脑与身体割裂时，头脑貌似高高在上，但头脑和身体其实一样重要，它们同时存在着。

　　生命终究是一场体验，但需要借助头脑的思考，这场体验才可能完成。

　　每个愿望的实现，即是生；愿望的失败，即是死。如果你太容易体验到你的愿望总是死掉，那么你就可能不再"发起"愿望了。

　　这也可以反推：那些很少"发起"愿望的人，都曾经遭遇过愿望的无数次死亡，于是获得了这样一种感觉——我的愿望基本上是不会实现的，然后就不再"发起"愿望了。

如果你是这样的人，那就试着去"发起"小的愿望，让它们——实现，再努力去实现大的愿望。不过，生命一直处于半死寂的人，他们往往需要最大的愿望或者挫败来唤醒，例如爱情，或者巨大的危机。

让一个事物生，并且越来越强，这不容易；"杀死"一个事物，或让它越来越弱，这容易。放到自己身上也一样，实现一份愿望并让它强大，不易；主动"杀死"自己的一份愿望，虽然会有伤自恋，但很容易。

有人会玩这种游戏：我不敢追求愿望，我诱惑你为我着急，于是这件事就成了你的一样，然后我再"杀死"它。并且，看着你吭哧吭哧为我努力，而我一下就把它毁了，这显得我强你太多。哈哈，不要太爽。所以，助人者不要把对方的事弄成跟自己的一样。

身体是心灵的镜子，身体是灵魂的居所。冬天里，如果你特别怕冷，不妨去好好感知一下你的冷，因为它可能是心冷。如果将心的冷"破"了，怕冷的情况可能会有很大改善。咨询中，无数次体验到来访者在情感的冷暖中转变时，身体同步在感受冷暖的转变。身与心，有无比微妙的联系。

我发出情感、情绪、欲望与声音，这就是热情，它是热腾腾的。如果得到了回应，等于这份热度被确认，因而"热"保持了下来；如果没有回应，我就会感觉我的热情撞到了"冰冷"。如果我不自信，就会相信这份"冷"，于是自己的"热"就变成了"冷"。

人非常敏感，任何一种存在都非常敏感，特别是孩子与恋人。我们都需要一个稳定的、有质量的（有回应的）关系，恒定地存在着、持续着，以此在这个关系中学习到热情（活力、生命力）是可以持续的。

无形中，你或许会形成这样的意识：头脑比身体高贵，身体是鄙俗的。但是，其实身体远比头脑重要，而且身体也比头脑可靠。譬如，所谓"共情"，即设身处地地感人所感、想人所想，这是头脑无法完成的，必须由身体参与才行。也因此，两个人身体之间的呼应具有非凡的美。

用头脑去爱，是安全的；用身和心去爱，是危险的。各种痛苦的感受都是身与心结合在一起的。太多人感到极致痛苦时，会"切断"头脑与身体的联结，这时就会失去对身体的感觉，而让头脑高速运转。反过来理解就是，头脑高速运转，身体就会变得麻木。

(24)

生命的存在只能"体验"到
/

生命的存在只能"体验"到，而不是"想"到。

每个人都可以很轻易地获得一种在高位的感觉——通过评价看万事万物，一如头颅与身体的关系，头颅是在上方的。所以，投入体验中不仅是危险的、容易受伤的，还像是低位的，而评价者是高位的，也是半虚假的。

一个回避与人交往的男子，有一个意象：他的头颅离开身体一米，高高在上，不愿落下，因为觉得身体是鄙俗的。人很容易有这种感觉：思想是"高"的。然而，生命的存在只能"体验"到，而不是"想"到。

你有多喜欢评价，就可能说明你离自己的体验有多远。体验让你不安，为了避免被这些体验淹没，你的头脑要远离它们。可不进入这些体验，你都不知道真实是什么。体验和头脑的真实层级（或者说能量层级）可以用这句话来表达：意识（头脑）层面微风吹过，潜意识（体验）层面波浪滔天。

如果一直使用理性指导自己的人生，那你的理性必须非常发达且完善。不过，这基本不可能。但当你尊重自己的感觉时，这会变得很简单。常常是，你的头脑并不知道发生了什么，但你的感觉会指引你走向对的方向。当然，最好是理性与感性相结合，不过必须是理性为感性服务，理性的发展是为了延展感性。

只有当感觉流动时，你才能体验到你存在着。

你压抑了自恋，就会看自恋的人不顺眼；你压抑了攻击性，就会视有攻击性的人为坏人；你压抑了性时，也一样。同时，你又会被不压抑自己的人吸引。自恋、攻击性与性，是人的三种动力。人总会发展出各种方式，去回归生命力之流动，即回家。

图书在版编目（CIP）数据

和另一个自己谈谈心 / 武志红著 . —北京：中国
友谊出版公司，2021.1（2021.4 重印）
ISBN 978-7-5057-5085-2

Ⅰ . ①和… Ⅱ . ①武… Ⅲ . ①心理学—通俗读物
Ⅳ . ① B 84-49

中国版本图书馆 CIP 数据核字（2020）第 236434 号

书名	**和另一个自己谈谈心**
作者	武志红
出版	中国友谊出版公司
发行	中国友谊出版公司
经销	新华书店
印刷	河北鹏润印刷有限公司
规格	880×1230 毫米　32 开
	11.25 印张　120 千字
版次	2021 年 1 月第 1 版
印次	2021 年 4 月第 5 次印刷
书号	ISBN 978-7-5057-5085-2
定价	59.00 元（全四册）
地址	北京市朝阳区西坝河南里 17 号楼
邮编	100028
电话	（010）64678009

如发现图书质量问题，可联系调换。质量投诉电话：010-82069336

让日常阅读成为砍向我们内心冰封大海的斧头。

孤独

和另一个
自己
谈谈心

武志红———著

中国友谊出版公司

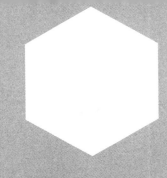

loneliness

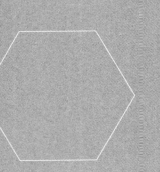

关系，就是一切

生命不在伟大的思考中，而是在一次次真实的

碰触与联结中。

目 录

Contents

① 关上门，远离真实 · 006 ·

② 无回应之地，即是绝境 · 011 ·

③ 真正缓解累的方式，是进入关系 · 014 ·

④ 全能自恋阻碍关系 · 016 ·

⑤ 亲子关系中的自恋 · 022 ·

⑥ 与他人在关系中争高低 · 024 ·

⑦ 讨好型人格 · 029 ·

⑧ 关系的本质，是谁为谁承受焦虑 · 033 ·

⑨ 没有麻烦，就没有关系 · 034 ·

⑩ 在关系中能做自己的程度，

就是这个关系对你的滋养程度 · 037 ·

⑪ 家庭关系 · 040 ·

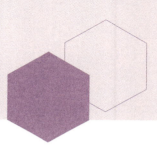
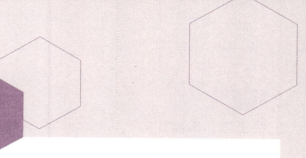

⑫ 两性关系 · 067 ·

⑬ 何谓亲密 · 091 ·

⑭ 心里住着别人 · 095 ·

⑮ 爱的本质是被"看见" · 099 ·

⑯ 关系在碰撞中产生 · 100 ·

⑰ 修炼你的攻击性 · 104 ·

⑱ 因为真实，所以被爱 · 108 ·

⑲ 关系中，恨意和爱意一样重要 · 110 ·

⑳ 直接表达愤怒是对关系的尊重 · 112 ·

㉑ 捍卫自己的空间 · 115 ·

㉒ 沟通，让我们从想象世界进入现实世界 · 117

①

关上门，远离真实
/

　　外面的世界充满敌意，外面的世界太丑恶，所以，我把心门关上……然而，如果问题得不到解决，你会越来越孤僻，觉得外部世界与你的人生越来越黑暗。其实，你真正需要处理的，是你内在的敌意与对自己的不接纳。孤僻的人啊，除非你真正享受孤独，否则，务必打开你的心门，走出去。孤独时最可怕的是，你会幻想别人与世界是怎样的，由此远离了真实。打开心门，与别人和世界互动，势必将你的内心投射到外部世界，然后去检验，将真实世界再"吸回"你的内心。在关系中，在互动中，人的心性才会得到真正的修炼。当然，这话是说给大多数人的。

　　极致的完美主义和孤独的"我"联系在一起。

　　当你只能感知到"我"时，你就是活在一元世界里。也许从根本上来讲，世界是完美的，而活在一元世界里的人会将"我"和"世界"等同起来，于是会下意识地认为"我"也该是完美的。这时候，你左冲右突，好像都不得法，怎样都不对。

你需要先感知到残缺，但你感知到"我"是残缺的，也意味着你看到了除了"我"以外，还有其他人存在着。这时，世界就进入了二元世界。你无须完美，也不可能完美。完美的，是关系，即当"我和你"全然相遇时，才有完美发生。

"我"是一个人的内部世界，而整个外部世界可以被视为"你"，那么本质上，"我"和"你"都是完美的。不过要体验到这一点，人需要走过千山万水。而在此之前，要先体验到各种残缺。

关系中的残缺，胜过孤独中的完美。

活在一元世界里的人会有各种被逼迫的感觉，对自己，对别人。是啊，毕竟他们只能感知到自己是世界唯一的中心，那为什么万事万物（也包括自己）不能听从自己的意志呢？只有进入二元世界，他们才会知道，别人是别人，自己不能强求。

所以哪怕再难，也要试着走出去。偶尔孤独可以，但如果一直都是孤独的状态，这种孤独也许一开始会安慰你，但时间一长，你会发现这个困局走下去越来越难。

　　自闭式的生活，或者叫"宅"，是在内循环中完成一切，让头脑的想象、千般情绪与激荡的情感都在自己的世界里，消化、发酵，乃至腐烂。和外界的联系，只通过头脑的想象，或者电脑的点击——这两个"脑"是一回事，都回避了与现实世界的"撞击"。就像单性繁殖，不过产出物也仍是在自己的世界里循环、腐烂。

　　你越来越喜欢你的头脑，相信你的头脑……逐渐地，头脑就完全掌控了你。常见的一个错误是，你以为头脑是你的，其实头脑有它自己的生命。情感，是两个人的事；头脑，是一个人在玩。头脑发达，易优秀。因为头脑可以处理好一个人就能搞定之事，如学习。但若使用头脑诠释情感，则会出大问题，会陷入臆测，最严重时会发展为被迫害妄想。只使用头脑看世界者，思维看似缜密，但其实根本不能容纳别人的信息，所以他看到的只是自己幻想的世界。生命最初，若情感很匮乏，自己太孤独，任何一个负性刺激都会很可怕。毕竟，婴儿不能满足自己的任何需求。他如何对待一个又一个的负性刺激？使用头脑！许多人说，回顾痛苦的过去，是头脑让他们活了下来。这是头脑的价值，但头脑的确是一个人在玩，这限制了构建关系。所以，要感谢头脑，看到头脑，放下头脑。

真实的世界是混沌的，即便有秩序，也是浑然天成、只可意会不可言传的秩序，而头脑幻想出来的世界，往往是极度清晰、极度有秩序的。但秩序越是清晰且越是简单，那就越意味着可怕的偏执。一切围绕着好与坏的思考，若过于简单、清晰、有秩序，那通常隐藏着可怕的暴力。太孤独、不能与别人建立情感关系的人，会用大脑对外在的事物进行解读。结果是，他看到的世界是过于系统化的，并且是过于有敌意的。这种情形发展到极致会成为被迫害妄想，即认为有一个有敌意的体系在迫害他。有此妄想或倾向的人会认为一切事物都有清晰可见的原因，而这其实只是他自己头脑的过度解读。

动机论，是人际关系中一个常见的问题。即你发起的行为，我会考虑你的动机是否纯净。相应地，我也会考虑自己的行为、动机是否纯净。但若太过在意动机，就意味着，我对别人很挑剔，对自己也很挑剔。结果，可能我做了很多事，与人交际也不少，但非常累。或者，干脆我隔绝自己，不做事，也不与人交际。

动机论的核心是：你的动机是纯净的，我才接纳你和我建立关系；我的动机是纯净的，我才可以和你建立关系。这种对"绝对好"的追求，是为了剔除坏。有这样追求的人会觉得，只要有一点坏，关系就不能构建了。特别是，如果对方的动机是坏的，那无论对方做什么好事，他都觉得是假的，都是为了害人。

自我控制有时会严重阻碍我们的心，阻碍我们打开自己的世界，与别人建立亲密关系。自我控制最常见的一个现象是 一个人会有意无意地设定一些程序，自己按照这个程序按部就班地生活。若程序被打破，他就会很难受。这样的人为了保护程序不被打破，会将人际交往减少到最少。但亲人整天生活在一起，交往不能减少，于是他会倾向于将亲人纳入这个程序，结果表现为外部控制。像宅啊，封闭啊，人际交往很少啊……都和这个有关。为了保持程序稳定，他想减少刺激，而人际关系的刺激是最容易冲击程序的稳定的，所以要减少人际交往。

② 无回应之地，即是绝境
/

  不是所有累都能用休息来缓解的。孤独的累，主要是内耗，是你内心分裂出一个想象中的"我"和想象中的"你"，然后两者争斗不休导致的累。这样的累没法用休息来缓解，因为休息时，你还是一个人，这种内心分裂出来的累仍然会持续。

  做咨询久了以后，我总结来访者的个案，看到这样一个规律：最难疗愈的，是缺乏基本人际关系甚至干脆就彻底孤独的人；其次难的，是以损耗性关系为主的；常见的，是拥有正常人际关系的，即有滋养性也有损耗性关系的。当你拥有这样的（有正常人际关系的）关系场时，咨询真的就比较容易发挥作用。当来访者缺乏基本的人际关系时，他会将咨询关系看得无比重要，甚至咨询关系会成为他生命中唯一的关系。这时，咨询的难度会大很多很多。当然最好的，是拥有以滋养性关系为主的人际关系场。

为什么会这样？因为孤独的人内心的黑暗是最多的。可以说，彻底孤独的人，内心基本是被黑暗人性给充满的。这样的人意识上再努力，看上去再善良，他的潜意识中，都是被黑暗人性给充满了的。

你必须明白这样的规律：你构建的人际关系的质量，和你内心的黑暗与光明的占比，是基本匹配的。

彻底孤独，是因为你感知到，如果构建关系，你只能构建彻底黑暗的关系，所以你干脆不去构建。

如果你去构建关系，就会构成一个交互系统。你把内在的光明与黑暗投射出去，再将外部世界的光明与黑暗内摄回来。这样一来，你的内在就有了被外在照亮的机会。

关系中有利用、诱骗、私心与嫉妒，但当关系真正建立时，爱与善就产生了。相反，孤独与封闭却会导致黑暗，彻底的孤独与封闭就会产生全然的黑暗。封闭自我的人，其实是在封闭两个东西——锁住自己内在的魔鬼，同时也"切断"外在魔鬼对自己的攻击。并且，这个外在魔鬼也是内在魔鬼向外的投射。

联结是善，心灵呼应与活在当下是至善，而"切断"联结会导致黑暗。越是孤独的人，内在的黑暗就越多。他们因惧怕内在的黑暗，转而去做好人。但孤独的好人一旦"爆发"出黑暗，就容易是摧毁性的。

如果你彻底孤独，就意味着你把生命力彻底"闷烂"了，内心的光明靠想象，可内在的黑暗却失去了与外界交互的机会。你的生命动力若没有得到基本的回应，就会变成黑色能量。于是，当你沉浸在孤独中时，不仅光明增加不了，还意味着，你的黑暗能量越来越多。

无回应之地，即是绝境。在这种绝境中长大的人，当关系中缺乏回应（如对方没及时回复自己）时，会习惯性认为对方不喜欢自己。但这大多不是真的，去沟通就会发现，对方只是有自己的事情而已。要是你童年时有过很多缺乏回应的情景，那么提醒自己这一点很重要——你很容易将对方的不及时回应视为对方不喜欢自己。

"你存在，所以我存在。"这句哲言的本意是，上帝存在，所以我存在。它可以延伸为，我发出的声音得到了你有临在性的回应，于是我的声音就存在了，而我也就有存在感了。回应的质量，是人际关系质量的根本。

不管你有多好，对别人付出了多少，多有才华，多有钱，多有能力……只要你不能给出有质量的回应，你的人际关系——特别是亲密关系必然出大问题。所以，试着修习这一点。并且，和给出有质量的回应同等重要的是，要能发出你有感觉的声音，表达你的欲求。

③

真正缓解累的方式，是进入关系

/

太多人会觉得外部世界比自己的内心更黑暗，甚至是自己内心善良、光明，而外部世界丑陋、黑暗。当这样想时，是自恋在发挥作用，这是巨大的自我保护（自欺）。当你逐渐深入外部世界，同时也对自己的内在世界越来越了解时，你会看到，外部现实世界是有疗愈性的，而且光明度好像好过你自己的内在。

　　简单总结是，太孤独的人不能轻易说："人际关系让我失望，因为人际交往都是损耗性的，所以我要自己待着。"

　　"你存在，所以我存在。"关系的根本，是你有了一面镜子，可以照见自己是谁，然后借助这面镜子去认识自己、展开自己。关系作为镜子，是真实的。孤独的自我认识常常是想象，而且是自己弄出来的，一样缺乏交互作用。

　　所以，真正缓解累的方式，是进入关系。这里的关系有两种：你和人的关系，你和事情的关系。关系中的累，是可以通过休息来缓解的。不过，即便是关系中的累，常常也不能靠独自休息而缓解。你休息时，身边仍然需要有信得过的人。人，是关系的动物，此言不虚。

　　你必须把劲儿使出来，无论是在和爱人的关系中，还是在和事情的关系中。

　　生命从自恋出发，然后是一个不断破自恋的过程。这一点说起来容易，做到却很难。感觉太多人的成长，是在不断地积攒自恋，然后变得越来越自我感觉良好，最后却被困在了孤独中。甚至，他们可能对此都毫无感觉。

④ 全能自恋阻碍关系　
/

自恋，是试图将别人纳入自己的体系；爱人，是愿意将自己纳入对方的体系；真爱，是两个人走出各自的体系而相遇。

每个婴儿，最初都觉得自己是神，万物都和自己浑然一体，一切都按自己的意志运转。爱，让婴儿走出这份原始的自恋，开始看到其他人是和自己一样的独立存在，从而开始真正尊重别人的意志。爱，即联结，而一直处于原始孤独中的人，则可以说是失联的人。失联程度越严重，他们越觉得自己宛如神一般。

有神一般自恋的人，外界必须符合他们的意志，否则他们就会有严重的失控感与被冒犯感。作为失联的人，他们做不到为对方着想，理解乃至谅解对方，只会觉得对方在和自己对着干，并因此变得暴怒，恨不得摧毁对方，乃至摧毁一切。太多暴力和这一点有关。

过度压抑自己乃至太老实的人，其实也常是有着神一般自恋的人，他们也常有暴怒的情绪，但为了人际交往，也因为他们自己同样惧怕这份暴怒，所以选择将暴怒压下去。而他们一旦失控，就可能做出毁灭性的暴力行为。

一报还一报，不欠别人恩情，这也是失联会导致的问题之一。一些人过分客气，深信"滴水之恩，当涌泉相报"。至少，别人每一份付出，自己都要惦记着还一份，否则就难受得要命。难受也是自恋受损：好人，特别是神，是不欠别人东西的，欠了就不好了。这种客气，从孤独中产生，继而又将他们锁在孤独中。

没有单独的婴儿，有的只是母婴关系。若婴儿处在好的母婴关系中，那看问题时，就会将母婴视为一个整体。但若太孤独，他们就会将母婴关系割裂开来，觉得自己与妈妈是割裂的两个人，要一报还一报，这样自己才是一个孤独的好人。

　　生动的、有充沛能量流动的母婴关系，会让婴儿觉得他和妈妈是一体的，并且关键是能让彼此愉悦，这样就足够好了。但若缺乏流动与联结，婴儿就会忽视关系中能量流动这一关键点，而去追求表面上的好，即你付出，我也要付出。

　　没有很好地体会过活力在关系中流动的人，在建立关系时会很焦虑，并拼命捕捉对方的信息——这有时反而使得他们在反应中有些迟钝，然后他们又紧张地思考自己该如何应对。没觉知到这一点时，很多人都不知道自己紧张。

　　察言观色并非共情，而是头脑的猜测。它不怎么碰触对方的情感，是因为当事人主要使用的是思维逻辑。其中的情感，是当事人自己的焦虑和恐惧，当事人还容易把事情朝糟糕的方面想。它其实是当事人童年时活在高度不安或孤独中，难和别人建立情感联结，于是变成用思想去和对方建立关系。所以，所谓"判断"，都是想象，甚至是妄想。

　　关系中，我们势必对别人做判断，这就引出了一个问题：你对你关于别人的判断有多笃定？太笃定，会给人一种确定感和掌控感，但也伤害了可能性。并且，这意味着是对别人的强加，是一种入侵。所以，哪怕你的判断是对的，对方也会讨厌。更何况，你的判断很可能是错的。

笃定的对立面是模糊。模糊容易让人不安和焦虑，但也意味着可能性。衡量创造力的一个重要标准，是容忍模糊的能力。因为笃定意味着自恋，意味着活在自己的头脑中，这自然会"伤害"创造力。模糊则是让事物与人的本质浮现，这自然意味着创造力。

若对自己的判断太笃定，那意味着，你只是在和自己的头脑发生联系，而没有和真实的人建立关系。那怎么办？原则是，沟通和澄清。要知道你的判断无论如何都只是假设而已，你关于别人的想法，必须得到对方的确认，那才可能是真实的。这叫"现实检验能力"。若不检验就当真，容易变成妄想。

自己对于别人的判断很笃定，这是婴儿心理的残留。婴儿早期有两个重要心理——全能自恋和你我不分，即婴儿觉得自己无所不能，同时又感觉不到自己和妈妈的差异，他觉得自己和妈妈是一体的。母婴一体和

全能自恋结合在一起，就变成：你想什么，我不用问就
知道。

　　如果你很不善于人际交往，那么仔细观察你自己，
会发现隐藏着这种逻辑：我对你表达了一种渴望，如果
你满足了我的渴望，这很好；如果没有满足，我的渴望
立即就会变成暴怒。我不敢向外对你表达我的暴怒，于
是向内攻击自己："看你这个傻子（或这个蠢货，或不
知天高地厚等），你怎么这么不要脸！"

　　自恋性暴怒才是脆弱的真实表达。暴怒指向外界
会变成对外界的破坏力，指向内在就变成了对自己的破
坏，即脆弱。暴怒的人和脆弱的人都是一根筋。他们发
出渴望时的能量，只能"走独木桥"：被实现，这时就
体验到生命；要不就是被拒绝，这时就变成死亡的力
量，即破坏欲。暴怒中藏着自恋——世界就应该按照我
的意愿运转，否则，去死！

　　很多人情感受伤后会执着地追求：你必须向我道

歉，而且要充满诚意，要达到我心中的预期，然后我才会高高在上地原谅你。这是关系中最具有杀伤力的。

人都自恋而脆弱。执着于让别人道歉的人，是为了捍卫自己的自恋，但别人为了保护自己的自尊，同样不会这样向你道歉。即使对方道歉了，也不可能达到你期待的、带着诚意的状态。尊重别人的自恋，一如尊重自己一样；宽待别人的脆弱，一如宽待自己一样。

因为情感上严重受到伤害而执着于让对方道歉或想报复对方，都好理解，但常常是，有的人因为一点口角就要对方真诚地道歉，这是由他自己内在太脆弱导致的。好像遇到一点小冲突，他整个人就被撕裂了，于是要对方承认错误并保证下次不犯，好像这样这份撕裂就可再被缝合一样。

对于处于全能自恋中的人来说，道歉就意味着全能感的崩塌，意味着自我的瓦解，所以他们很难主动道歉。并且，任何意外，不管大小，他们都要找人归罪。而孩子是父母最容易归罪的对象，安全，不用担心被报复。

⑤

亲子关系中的自恋　　　　

/

　　对于严重活在全能自恋中的婴幼儿来讲，他们有一种深刻的渴求 —— 我怎么做都是对的。他们需要一面镜子给他们这种照见 —— 你仿佛是全方位的好。精神分析大家科胡特将之称为"镜映"。这一点母亲比较容易做到，当母亲做到这一点时，就意味着母亲和孩子在相当程度上融为一体了。

　　关键不是融为了一体，而是在这种情况下，婴幼儿的动力就能肆无忌惮地伸展出来了。这意味着他们的能量不再只是憋在自体内，而是能流淌到客体上了。这是一切的开始。

　　这是一个宝贵的阶段，但生命不会停在这里。随着孩子的能力越来越强，他会越来越渴望独立。而逐渐地，父亲也进入这个关系中了。父亲的理性、秩序感等，像是切割性的力量，会将母亲与孩子之间的那种融合性的联结撑开，甚至有时还会"切断"。这时，母亲和孩子之间就有了空隙，然后逐渐变成有了空间。

心灵的成长是一个复杂的过程，它不会简单地停在一个地方，最初融合性的"镜映"非常重要。没有这个，孩子的动力都伸展不出来。这是宝贵的开始，但也只是成长的开始，心灵还需要走向分离，走向复杂，走向独立。

◆

亲子之间，如果讲的是爱，发展主要在情感维度方面，那么情感维度就是平等的。但是，我们强调的是顺，孩子要听父母的话。这强调的是力量维度，也就是力量强弱的权力关系。做咨询久了，我发现，我们社会的有些家庭关系中，权力争斗是主线，情感太匮乏。

太多人不能客观、如实地评估自己，他们的内在镜子好像不能照见他们是谁，他们是怎样的。这常常是因为，自童年起，他们的父母等养育者都活在浓浓的自恋中，根本没有兴趣也没有能力对他们产生真正的兴趣。

太过于自恋的父母以及其他养育者都还在寻求他人对自己的映射与回应，特别是自己能控制的孩子对自己的积极关注与回应，但对于孩子自身是怎样的，他们没有能力看见，甚至缺乏基本的兴趣。

父母等养育者是孩子最初的镜子，可在太过自恋的人那里，你不能指望这面镜子能照清楚你的模样。因此，你也难以内化一面平滑的"内在镜子"。

　　这样的父母在所谓"教育孩子"时，其实是教训孩子以传递其权力感：你的事，我说了算，否则给你降点雷霆之怒。所以，孩子最大的错，是冒犯了这类家长的威严感——自恋。这类家长本以为可以做神，至少在弱小的孩子面前可以。太容易对孩子生气的家长可以好好看看自己这一点。

6

与他人在关系中争高低　　
/

　　孩子对父母，特别是婴儿对妈妈的乳房，有一种原始的嫉羡：你拥有一切宝藏，而我必须仰赖你。这是最原始的谁高谁低的问题。出生后最初的几个月，婴儿活在全能自恋和共生中。当被妈妈照顾得很好时，他自大得不得了，觉得自己是神。但这种无条件的狂妄是建

立在妈妈和他是一体的共生幻觉上的。一旦有了现实能
力，他发现妈妈是妈妈，自己是自己，这个幻觉就破灭
了。婴儿会发现，妈妈了不起，妈妈像神一样。这时
候，他会意识到自己的卑微，而妈妈很强大。

意识到妈妈强大如神一样，婴儿就面临一个关键
选择：如果妈妈是爱他的善神，那他愿意主动向妈妈
低头；如果妈妈是恶神，那他就算低头了，承认妈妈
强大，也是被迫的，而他内心还希望留着原始的自恋
感——我才是最牛的那个人。

向善神妈妈低头后，孩子就学会了感恩，并且因为
和妈妈建立了充满情感的关系，高低差别就不明显了。
这样，适当的平等感也开始建立。但如果妈妈照顾孩子
时是不情愿的，或严重照顾不周，而孩子又知道自己必
须仰赖妈妈，他就会对妈妈的强大有嫉恨。

妈妈或者爸爸等养育者说这类话是非常致命的：
"我们养活了你。"这一再提醒孩子，"你不仅欠我们的，
还不如我们强，你必须听我们的"。孩子会学会向父母
的强大和权势低头，但一旦有机会，也会造反。

为了维护自恋，孩子需要一种狼心狗肺的感觉：我
是你们的孩子啊，所以我吃你们的、喝你们的，我不觉

得自己低下，谁让我是你们的血脉。寄养在别人家，孩子就难以有这种感觉，所以会有寄人篱下的低下感。无论对方对自己多好，都会有。

孩子的自恋，严重点会导致这种感觉：我吃你们的、喝你们的，但我还要骑在你们头上。这就是所谓的"小皇帝"。孩子当然知道自己是无理的，因为没有了共生幻觉，他知道自己是依赖父母的，所以他必须自欺才能做到继续自大。这份自欺会成为心理问题。

我们从不讲平等，反过来可以理解为，我们的关系中到处藏着谁高谁低、谁说了算、谁掌握着权力、谁是服从的一方。当被这种感知控制，但又基本不能在社会上活出高位时，一些父母就特别需要通过欺负孩子来获得存在感，所以离不开孩子。

本质上还是因为自恋。太自恋时，就渴望外部世界对自己发出的声音都有回应，而有权力可以更大程度地保证实现这一点，所以人们才去追逐关系中的高低，即权力。

当体验不到爱时，人就会在关系中争高低，并试着

让自己在高位的感觉中保持控制感，以及主体感。争关
系制高点的办法有很多，如"我很能干"。还有一些比
较微妙的争夺方式，如"我是好人"。

有一个女子，每到一个工作环境，都会觉得老板和
同事联手欺负她，但真有人对她好时，她却很不适应。
所以，她寻求的并不是别人好好对她，而是一种优越
感：你们是坏人，我是好人，所以我比你们强。

很多人在关系中什么要求都不提，他们是用这种方
式在关系中保持主体性的。

还有人会永远不放下对方的错，一吵架就谈对方过
去的错。这是为了在这一刻破坏对方的自尊，而保持自
己的优越感。

只有感觉到关系中有很多爱和快乐时，权力游戏才
会减少。如果一个人只感觉到关系中充满权力的争夺，
那就会不顾一切去争夺主体感、控制感或优越感。如果
争不到，他就会觉得无比羞耻。

亲子关系是一个非常好的学习机会。父母当然比孩
子强，孩子也欠父母太多，如果父母能让孩子在亲子关

系中体验到爱与快乐，那孩子就可以放下这种争夺。但如果父母太喜欢争权力，那孩子就过不了这一关。

追求自恋、高低与权力，根本上还是因为死亡焦虑。当我位置高于你、力量强于你时，我弄死你的可能，就比你弄死我的可能，更大一些。

有了爱，才能有平等（不是物质与客观上的，而是情感上的）。没有爱，就必然争高低，情感上的平等也就荡然无存。家庭中如果缺少爱，就会有很严重的争高低的情况。这样会出现三种父亲：不敢争的失败者，懦弱；敢于争的霸道者；两者的综合，在外面懦弱，在家霸道。

争高低，是因为自恋，也是权力之争。它很严重时，会很危险。这样的社会会有太多讨好型人格的人。这是要把自己争高低的劲儿藏起来，甘愿一开始就服输，这样活得安全一些，但一有机会成为居高位者，这样的人会比谁都自恋。

⑦ 讨好型人格

/

讨好型人格的人与你刚建立关系时，会表现得超级热情，超级能付出，或对你有超级好的评价。如果遇到这样的人，最好有一点防备，因为他们很容易对你超级失望、有超级差评，乃至有超级恨意。

这种逻辑的深层含义是：我超级好，所以你不能拒绝我；你超级好，所以不能拒绝我。这是对被拒绝的恐惧。一旦关系中有拒绝性的信息，就有了"坏"出来，而"坏"，是必须被消灭的，因此衍生出了破坏性。

这时，你需要与他适当地拉开距离，让他一开始就感受到距离的存在。否则，你如果迎合他，给他假象，让他觉得你与他已经非常亲近了，甚至如亲人般，那你想拉开距离时，他就容易受伤，甚至暴怒。

瞎大方，也不会换来尊重。因为，这时你是在允许对方剥削你，而剥削与被剥削的关系容易让剥削者感知为"我比你强"。例如，一位太渴望剥削别人的女士说："谁对我好，我就会鄙视他。"后来想想，她说得非常有道理，因为那些对她好的人，常常任由自己的边界被入侵、尊严被侵犯。这样的好，的确软弱而没有力量，会让人看不起。所以，如果你以软弱的好对别人，就别指望换得对方的爱与尊重。相反，你容易被蔑视和剥削。

太讨好你的人，最后多是很难相处的。他们就像在放债，会想办法讨回，并且因为他们会放大自我的价值，有时还成了"放高利贷的"。

规则、边界和约定很重要，活在边界清晰的契约中，这种感觉比较清爽吧。相反，一切都借助道德的名义，那常常是为了剥削，而且黏稠、混乱。

轻易满足别人要求的人，常常是不能提哪怕一点要求的人。在他们的内心有一个总被拒绝的内在小孩，这使得他们不敢提要求，因为被拒绝会引起强烈的羞耻感，甚至想死。无形中，他们也会将这个内在小孩投射到别人身上。所以，不能拒绝别人，一方面是可怜别人，另一方面则是觉得一旦拒绝对方，就会升起无边的仇恨。

所以，事情总是配对出现的。一个总是扮圣人的人，会找一个总在提要求，而且很少感恩的人。如此一来，扮圣人的人内心的矛盾就变成了现实的矛盾。通过调整现实的矛盾，可以调整内心，虽然这不容易。

这种关系能够维系，是因为他们除了相互粘连、相互折磨外，那个很容易提要求的人可以向外冲，向世界索要，以此打开他们的局面；那个扮圣人的人则可以比较好地收拾局面，成为他们世界里的稳定剂。

懂事，或许是很深的绝望，是孩子觉得父母（最初是妈妈或第一照顾者）无论如何都听不到自己的声音而产生的绝望，也或许是有很深的恐惧——父母所说的"别出事，别惹事，惹了我们摆不平"。

若孩子在外面遇到挫折，回家也同样受挫，他就会觉得无处可去，会陷入绝望。在极少数情况下，绝望会让他心如磐石。这份坚硬能让他在社会上生存，但这对孩子来说是很深的伤害。

太容易道歉，太容易内疚，太容易说"对不起"，其功能是，避免被对方攻击。但这也"封"了对方表达不满的空间，而真实、饱满的关系需要双方坚持自己的立场，并在此基础上进行沟通。所以，如果你是这样的人，那你可以试试不急着道歉，让关系变得更有张力，让对方与你的不满和敌意有空间流动。

超级好人最失败的地方，是在伴侣关系上。好人藏着这样的逻辑：我为你付出了一切，你要爱我。这种对爱的渴求，自然会在伴侣关系中达到顶峰。可是，伴侣关系的根本逻辑是亲密。亲密，只能通过真实和敞开才能得到，付出却没有这个功效。并且，好人的好，其实还藏着根本性的防御：真实的我是"坏"的，是没有人爱的；我若想得到爱，就必须摒弃真实的自己，而成为一个好人。但这个好人是虚假的。面对一个虚假的人，我们没有办法对他产生爱与亲密。所以，好人越好，他们与伴侣的关系就越疏远。我们必须牢记这一点：对别人好，可以赢得认可与尊重，但若想与人变得亲密，只有一条路——真实和敞开。

8

关系的本质，是谁为谁承受焦虑

/

人性复杂而矛盾。按道理来说，一个人要完成社会化，就要适应并享受正常的人际关系。但太适应人际关系的人，因为将注意力放到了关系上，并将所处的人际关系逻辑标准化，反而就容易失去对它的反思。这种人际关系会成为他的牢笼。相反，那些不能适应的人，通过不断反思，就会洞穿其奥秘。

能很好地适应人际关系的人，通常会对人际关系缺乏反思 —— 其实这是从原生家庭得到的一份馈赠。你以为是你意识的逻辑决定了你的人际交往能力，但这份适应是深入骨髓的。所以，有这种可能：适应能力良好的原始人在山洞里聊天，而程度不一的自闭者痛苦前行。

"关系的本质，是谁向谁投射焦虑，或是谁为谁承受焦虑。"英国精神分析师比昂如是说。自我功能好的人可以接住对方的焦虑。例如，治疗师与来访者，父母与年幼的孩子，在正常情况下，是后者向前者投射焦虑，前者承接并转换焦虑。但在很多家庭中，常常是父母给孩子制造焦虑，而幼小的孩子接不住焦虑，只能受着。

受着别人投来的焦虑而不能化解，这会导致一个人发展出负爱、负恨与负知识。这是比昂的概念，相对的是去爱、去恨与相关知识。负爱、负恨，是指因爱与恨得不到回应，于是止住了这份能量。而关于如何止住爱和恨的知识，就是负知识。

负爱、负恨这种表达有点拗口，不如直接说成不爱、不恨。如果不爱、不恨和负知识太多的话，能量就很容易被憋住，于是生命力很容易干涸。对此，一个朋友说得特别好："必须入海，才不干涸。"

9

没有麻烦，就没有关系
/

不麻烦彼此，关系也就无从建立。其实，将关系中的动力视为麻烦，这本身就意味着，一个人在关系中有过很深很深的失望，他知道自己伸向别人的手是不受欢迎的，所以把这叫作"麻烦别人"。有这种麻烦哲学的人，势必退回到孤独中。

不敢麻烦别人的人，也逐渐不愿让别人麻烦自己。久而久之，他就会活在致命的孤独中，像被罩在一个罩子或一层薄膜里。其实关系的实质，就在于麻烦彼此。没有麻烦，就没有情感。

"麻烦"这个词意味着，你觉得向别人求助，甚至建立关系，是不受欢迎的。有这种逻辑时，你在关系中必然是不自在的。觉得自己的各种动力在关系中都是好的，你才能自在地表达 —— 这时就是人性化的，你也能自如地接受被拒绝。

如果父母心中有爱意和热情，他们就会带着欢喜去满足孩子。这样孩子就会形成正面思维，带着自信和一点理直气壮的劲儿去要帮助、要爱。但如果父母并无热情，对孩子好都是努力做出来的，那么孩子即便被满足了，仍会觉得像伤害了父母一样，由此孩子就会形成怕麻烦哲学。

　　缺乏热情的人，可以努力对别人好，但这时，他会产生付出感。也没有享受和愉悦，他会觉得对别人好就像是在割肉。所以，关键是要把热情活出来，而后去爱就不再感觉是付出了。

　　欲望、呐喊、愤怒、喜悦、爱、恨、歇斯底里……这些都是热情。先是黑色热情流出，被拥抱后，你会发现原来这就是生命力！热情流动起来后，你才能享受到人与人之间热情流动的感觉的美好。这时，你会体验到，付出与索取、对与错都没那么重要。所以关键是，享受流动。

　　当欲望、情绪等动力在关系中能被接住时，它们就被祝福了，然后它们就可以以人性化的方式表达了。当它们不被接住时，就会被诅咒。这时，我们想表达它们，就会用破坏性的方式。在后一种情况下，我们会压抑自己的动力，而控制不住地去表达时，就会不自如，也缺乏人性的柔软与温度。

　　可以在和一个人，或者在和一件事，又或者在和一个物的关系中，尝试一下狂热，即你全然地、毫不保留地把热情都释放在这里，和这个人、事或物建立很深的关系，去体验全然饱满，体验不留遗憾。

　　其实，就是建立深度关系。本来想说，和物最容易建立深度关系，和事比较难，和人最难，因为人，特别是恋爱、知己等深度关系不能强求，但其实都不易。毕竟，在这个世界上，和物建立了超深度关系的人，都是很牛的人，必然是少数。

在关系中能做自己的程度，
就是这个关系对你的滋养程度
/

　　我们不能离开关系而独活，但有些关系场太过黏稠。在好的关系场中，你能自在地畅游，而在黏稠的关系场中，你的一举一动都会被人紧紧地盯着。那些盯着你的眼睛也有能量，似乎捆住了你的手脚，让你难以动弹。如果在黏稠的关系场中长大，你就会下意识地去寻找那些眼睛，因而你寸步难行。

　　黏稠的关系场容易导致一个现象：你不能出错。稍有差池，那些眼睛便会不高兴。如果你发现你特别不能接受自己出错，那就意味着，你行动的空间非常狭小。觉知到这一点，可以试试让自己犯一些理性上和事实上无关紧要的错，并对自己说："没关系。"

你是否感觉到被谁紧紧地盯着，稍有不对，对方就会极其不高兴，甚至敌意大爆发？你是否也在用你挑剔的眼睛紧紧地盯着对方？你密集的盯视，也会给对方造成巨大的压力。常见的一种伴侣模式：双方都战战兢兢地应对对方，但同时，自己又是对方战战兢兢的原因。

我们由衷地希望别人满意。特别是自我未成形的人，他人是其镜子，他的一举一动是否有意义，都取决于镜子如何回应他。他若直接要求镜子按照他的感觉回应他，就对镜子——另一个活生生的人构成了强烈的制约。如果镜子的自我也未成形，他们就会相互"绞杀"。

我们需要被看见，而那得是带着理解、爱与接纳的眼睛。但在黏稠的关系场中，我们遇到的眼睛和我们自己的眼睛，多是苛刻、评价、不够友好的眼睛，至少也是有很多要求的眼睛——你必须符合对方的期待。愿我们先"放松"自己的眼睛，让它温柔。

在黏稠的关系场中，你什么都还没做，就已累得不行，因为你的很多能量在你没有觉知的情形下就在应对着那些盯着你的眼睛。所以，过年后的节后综合征，我觉得不大成立。相反，对太多人来说，离开作为黏稠关系场的家乡与各路亲戚，回到小家庭和工作中，反而是很大的放松。

除非能在关系中自由表达，否则关系很难直接愉悦你。这意味着，在关系中，你就是在做你自己，而不是在做一个好人或假人，爱与恨、怒与乐、美与丑，你可以让它们较自由地流动。若很难做到这一点，关系就会让你很累。你必须找到大块儿独处的时间，才能不必考虑任何人，而得到休息。

自由表达，表达什么？用弗洛伊德的话说，是表达性与攻击。用温尼科特的话说，是表达活力。性与攻击的说法让人不安，但这很真实。当压抑的来访者能在关系中坦诚地表达自己的想法时，他们的自由感立即就会增加。活力的说法更好，那就意味着你的一切动力都让它以人性化的方式表达出来。

在关系中能做自己的程度，也就是这个关系对你的滋养程度。如果做自己的部分匮乏，那么这个关系看上去再好，也会让你逐渐干瘪、枯萎。

⑪

家庭关系

/

◆ ◆ ◇ ◇

（1）夫妻关系是一切关系中的 No. 1

重男轻女，威权主义，再加上大家族，导致了一个非常严重的问题：媳妇是孤零零地"进入"一个大家族的，还有各种"设计"是排斥她、打压她的。如果这个家族中的关键人物太自恋，那这份打压可能会变得很可怕。

媳妇通常是没有权力的，她的权力一般建立在孩子身上。等她生了孩子，特别是儿子——如果有几个孩子更不一样——就可以因为母子关系的特有属性，通过控制孩子，让孩子与自己形成母子同盟，去对抗大家族，或者对抗自己丈夫与婆婆的旧母子同盟。

有时是因为丈夫与婆婆的母子同盟关系太紧密，有时也是媳妇有问题。媳妇如果没怎么发展出关系维度的感知，而是主要停留在自恋维度上，那仅仅是"有点孤零零的"这一条，就可以让她使用权力规则保护自己了。

所以，最好的状态是，夫妻关系是家里的核心。当秉持这个规则时，夫妻关系可以称为家里的定海神针。为什么？因为孩子的心必然是同时爱父母的，如果父母之间的夫妻关系出现了严重失衡，甚至敌对，那么孩子容易"被撕裂"。如果变成亲子关系是核心，那就意味着，丈夫先是和婆婆构成了母子同盟，于是一个小家庭就失衡了。然后在失衡的态势下，媳妇自然容易去和自己的孩子构建同盟。这样就形成了循环。

（2）关于老人带孩子

很多话题，我们只看表面意思，发现呈现出来的是一回事，但深入看其真相，往往呈现出来的是另一回事。

例如"啃老"，大家谈论这件事时，基本上讲的都是年轻人不负责，依附父母，"啃食"父母。这种事的确发生了不少，但在我们的社会中，同样有为数不少的，是父母不想与长大的孩子分离，是很多父母在吸孩子的"奶"——他们的精神生命。

老人带孩子这件事也是一样的。的确，很多年轻人是希望父母过来给自己带孩子，但我见过的太多个案和现实故事是，老人非要过来带孩子，或者非要把孩子带走。年轻人不接受，老人就大闹。

父母进入小夫妻的家，这也是年轻人家庭隐患的开始。农村不说，就说在城市里，太多小夫妻的婚姻破裂，是从父母（常见公婆）过来带孩子，然后老人想在孩子家做主人开始的。

我们的社会正处于转型期。过去的传统社会是以集体性和男权为主的，具体就是，虽然女人生养了孩子，但孩子冠男方姓，也住在男方家，以和男方父母等家人一起生活为主。现代社会则是以核心小家庭为主，现在的很多社会规范，例如很多法律信念，是因此而设计的。但假如家庭仍然以旧社会的规范来运转，法律却简单地以现代社会的规范来判案，而看不到案子中的案中案，就可能会制造一些隐性伤害。而年轻的母亲，即"嫁"到男方家庭体系中的孤独女性，可能再一次被盘剥。

心理咨询中有一项技术叫"具体化"，就是要不断地问细节，这样才能弄清楚一件事。像"啃老"和"该不该让老人带孩子"这两个话题，从表面上看，父母（或老人）被视为被剥削的一方，可如果一了解细节，你会发现，事实可能是相反的。

没有自我的人，老了后会发现，除了弄孩子，好像什么都提不起劲儿来。这是所谓"天伦之乐"导致的一个结果。

成年人彼此间找存在感不易，但都容易在孩子这儿找到：一、孩子的心灵是敞开的，易联结，可治孤独；二、孩子的需求简单，一旦被满足会特有感觉，会强烈地感染大人；三、孩子的力量弱，成年人在孩子面前很容易有优越感。带孩子是不易，但这些好处也不能忽视。

父母不要玩意志的转嫁，即将自己没有实现的意志（如愿望）强加到孩子身上，让孩子替自己完成。

这是一个简单的道理，但现实生活中会看到，太多人不可避免地为父母的愿望而活。这涉及两种情形：一种是，父母非常明确地把自己的愿望强加给孩子，逼迫孩子按自己的愿望来，这是显性的转嫁；另一种是，隐形的转嫁，父母并没有在意识层面这么做，但当父母自己的人生有巨大欠缺时，孩子出于对父母的爱，就会替父母补上这一块儿。

在我们的社会中，我们的上几代人，在几乎没有个人意志伸展的空间时，他们的人生不可避免地有了巨大的欠缺。结果，他们的下一代因为以上两种意志的转嫁（明确的和隐形的），或叫"意志的接力"，很容易就变成，自己的人生在为上一代人的意志而活。但在最近的这几十年里，我们的社会的确有了越来越大的个人意志伸展的空间，所以在为父母意志而活的时候，人们也部分地伸展开了自己。

到了第三代，才终于有了真正为自己而活的空间。他们轻装上阵，很容易感觉到生命是如此美好，"有大把美好的时光可以浪费"。他们自我，虽然他们看上去不那么拼，但因为他们比较少浪费生命在别人的意志上，所以反而更容易爆发出生命力。

培养一个贵族，需要三代人。让孩子能一开始就为自己而活，这看来也要三代人的努力。

法国精神分析学家拉康有一个很有意思的说法，即孩子会"欲望着父母的欲望"，却以为这是自己的欲望。所以，孩子替父母而活，这是很容易发生的事。如果父母还有意识地给孩子强加自己的意志，就更麻烦。

从这一点来讲，父母能活出自己，就是给孩子自然而然的莫大祝福。

从根本上来讲，就是每个人活出自己，从"角色"中解脱出来。父母知道展开生命是什么感觉，因此鼓励孩子去走自己的路。但如果父母还没"活开"，还处于恐惧中，就很难避免要去"抓住"孩子，因为孩子满足了他们的很多需要。

（3）妈妈凝视过你，你即能凝视万物

英国心理学家莱因说，"存在等于被感知"。也就是说，你感知到我的感受，我才发现自己原来是这般存在着。简单来说，就是一个人的存在感，来自他的感受被另一个人看到。一个人最初的存在感，来自他的感受被妈妈和其他亲人看到。相应地，不存在感就源于感受没被确认。这种情况有很多种形式，常见的有三种：忽视，双重矛盾，僵尸化。忽视很容易理解，就是妈妈或其他亲人在，但他们要么是没有看见你，要么是没能力看见你。极端忽视，会导致极端羞耻感——生而为人，对不起。没被爱照见，存在本身就像是错误的。

母子关系中，最动人的一个画面是，尚蹒跚学步的孩子在玩耍——玩耍即探索世界，他很专注，但他不断地回头看，要确定妈妈在不在，有时还要与妈妈分享。

妈妈在，他就能专注；妈妈不在，他会恐慌，乃至大哭，专注也就不可能了。所以，专注与爱是在一起的。妈妈凝视过你，你即能凝视万物。

很多新妈妈会苛责自己，总觉得自己做得不够好，对犯过的一点错都谨记于心，并懊悔不已。她们在要求自己做完美妈妈。之所以如此，往往是她们做孩子时得到的母爱很差，于是幻想有一个完美妈妈照顾自己。做妈妈后，她们会自动用这个完美妈妈的形象来要求自己。

母爱被放到至高无上的位置上，母亲的责任成了难以言说的重担。我们社会上的很多女性，只有做母亲时才有地位与价值，做女孩时会被忽略，甚至被"杀死"。做性感、"绽放"的女人的话，会被敌视、被妖魔化。女性的主体地位被剥夺，这或许是母亲产生怨气的根本原因吧。

（4）无条件的爱

一次上课，老师布置了一个练习：找一个拍档，分别扮演母亲和儿子，两个人面对面坐着，然后做母亲的依次表现四种母亲的形象，各两三分钟即可。四种母亲是：无条件爱的妈妈、永远否定的妈妈、吞没的妈妈和抑郁的妈妈。

当扮演无条件爱的妈妈时，我秒入状态。我对面的伙伴，是我非常熟悉的朋友。以前看着她的时候，我会有各种觉知到和觉知不到的评价，如不够高、神情太紧绷等，但当扮演"无条件爱的妈妈"而进入状态时，这些评价竟然都消失了。这时，我看着她，只有接纳，没有了一丝一毫的评价。然后，我觉得她就是完美的，没有任何缺点，她的任何一个细节和她的整个存在都像是闪着光。

当我带着这种感觉看着她时，她瞬间泪如雨下。

能这样做，我想是因为这是妈妈给我的礼物。虽然我一身缺点，但在妈妈的眼里，我是完美的，她对我没有任何挑剔。

不过反过来，等我的伙伴做"无条件爱的妈妈"时，她进入不了状态。当扮演"吞没的妈妈"（没有边界的妈妈）时，她非常有感觉，因为这就是她本来的样子。

但是我相信，每个人都体验过被"无条件地爱"是什么感觉。那么，做这个练习前，你可以好好回味一下，你体验到这种爱的时候是什么感觉，然后带入这个练习中。

甚至，我认为，我们每个人的心灵深处都知道"无条件的爱"是什么感觉，所以你也可以想象这种情景，然后带着它进入练习中。

（5）父母对孩子的爱，指向分离

你别那么优秀，你差一点，我的优越感就不会被破坏，你也更容易被操控。还有，你离开我也就没那么容易了——很多亲子关系和伴侣关系中藏着这种信息。优秀指向分离，愚昧指向忠诚。一个人的优秀，的确意味着他拥有更大的自由，意味着他比较容易和你分离，而走向开阔的世界。

或者，你是这样一种优秀：除了拥有一种卓越的谋生技能外，其他方面，你是个白痴。这样，你也没有离开我的能力，如书呆子。

逼孩子学习，却不培养他生活的能力，更不让他锻炼身体，就藏着这个逻辑：你不能发展能导致自由行动的技能。很多人有此意象：自己有一个硕大的脑袋，而

胳膊和腿被控制，甚至被斩断了，如同人彘。我们一直
都缺乏迁徙的自由。

生命力需要伸展空间。婴幼儿时，主要是在妈妈的
怀抱中伸展；做学生时，主要是在家庭和学校中伸展。
这两个阶段，在正常情形下，像是在有保护的实验室里
做练习。长大后，则要在广阔的天地间伸展。一直待在
妈妈的怀抱与限制中，就难以展开自己的人生，生命力
便被压制住了。

父母对孩子的爱指向分离。最初，所有孩子都恋
母，最初与母亲犹如共同体，而逐渐地，孩子需要完成
与妈妈的分离。这个分离过程，需要妈妈允许，还需要
父亲强有力的介入。如分离不能完成，就会导致出现
"妈宝男""妈宝女"，特别是"妈宝男"这一经典形象。

孩子成为一个精神独立的生命，需要先在心理上完
成"弑母"——不管你是怎样的，我都想奔向宽广的
世界，而后完成心理上的"弑父"。如果总是将父母的
需求放在第一位，孩子的心理空间就不可避免地变得
狭小。如果父母鼓励孩子走向独立，那么这会变得简

单很多。

太多父母克制不住地"入侵"孩子，所以，让孩子赢在起跑线上可以很简单：父母不严重地入侵孩子就好。一个孩子，如果没有背负父母转嫁的使命，不用分担父母的严重痛苦，也没有被父母的权力意志严重入侵，基本安全，以及生理需求得到了保障，那么他想不赢都难。

生命的意义在于选择，但每一次选择都是赌博，而用以投掷的骰子就是我们的肉身。

很多父母代替孩子做决定，实际上是剥夺了孩子人生的快乐。这相当于让自己享受了两辈子选择的快乐，而让自己的孩子一辈子也没活过。一个人活着的价值，就在于自己可以做选择啊。

一个人的福祉，不能交给另一个人去负责，哪怕按道理来说你应该最爱你的父母，并且他们是真心为你好。但当他们为你的生命做选择时，是很容易变得极其不靠谱的。

　　做总是正确的父母，不如做给孩子空间的父母。因为重要的不是父母总能正确地给予孩子具体的指导，而是孩子自身的能量能否在一个开阔的空间里流动。在这种流动中，孩子的天赋自由发挥，并形成自己的体验与观念。父母如果总是指导孩子，那么即便每一次具体的指导都是正确的，也常常会"切断"孩子自己的能量流动。

　　曾见到一个被誉为"完美父亲"的男人，他的儿子出现了大问题。与这个男孩（"完美父亲"的儿子）聊天时，他不无心酸地说："我和父亲的关系里有'两个凡是'：凡是我做的决定，永远都是错误的；凡是父亲做的决定，永远都是正确的。"这位父亲聪明、睿智，却限制了孩子的空间。

（6）牺牲感

　　牺牲感是一个糟糕的东西。当你有了牺牲感时，同时伴随而来的，还有道德优越感。并且，不可避免地，你还会有付出感——不管你是否在意识上承认，觉得别人欠你的，让你有牺牲感的对象会对你有亏欠感，以及内疚。牺牲感和付出感，也意味着你失去了自己的中心，把自己挂在了对方身上。

"一切为了孩子。"它的真正含义是，一切归因于孩子。

牺牲感和付出感一样需要理解和接纳，然后，可能有自然而然的转化。一个严重失去自己主体性的人，他并不能通过攻击、否定自己来放下牺牲感和付出感。人生不易，"人艰要拆"，只是要温柔点。

被牺牲感和付出感缠绕时，人就失去了主体性，总是不能主动做选择。然而，当你真的在一个重大事件中充分做了主动选择，而展现了你的主体性时，你会发现，虽然爱恨情仇带来的体验太深，却没有遗憾。遗憾，总是和没有充分活过联系在一起。

"我是为了你"，当你使用这句话时，它的潜台词是："一切责任和其中的'坏'，都将由你承担，而我是好心的，所以要被免除一切责任与愧疚。"

"这是我的选择"，这句话可以说是在"我是为了你"的对立面。当确定这一点时，你承担了自己的责任。同时，你也会更充分地体验到这一选择产生的各种可能，从而丰富并强大你自己。

要做好"这是我的选择"，首先得守护好说"不"的权力，即"那不是我的选择"。如果你总是被迫接受别人给的选择，还说"这是我的选择"，那你会活不下去的。我们的社会上那么多人爱说"我是为了你"，是因为不被允许"我是为了自己"。

付出型的人，因为太难享受生命，所以容易无意识地追求痛苦上的平等。我付出这么多，我真的很辛苦，你要回报我，以你自己的痛苦。这可以解释为什么太辛苦操劳的父母难以分享孩子的开心。伴侣之间，公司里的同事之间，也有这一逻辑。

最重要的一点是，要先照顾好自己。这么简单的道理，我感觉自己简直是走过千山万水才真正认识到。不要动不动就想牺牲，那样你会有怨气，会让周围的人觉得对你有亏欠；不要动不动就倡导牺牲，那很可能是在诱导别人接受被剥削。在照顾好自己的基础上，在形成了健康自恋、真实自我的基础上，去爱别人，乃至爱世界。

拿出真我，才能享受。普通层面上，就是展开你的动力，如自恋（权力）、性和攻击性，当它们自然流动时，就有享受产生。过得苦哈哈的人隐去了它们，隐去了真自我。所谓"付出"，就是围着别人的感受转，可别人如果真快乐了，他们又会嫉妒和失落。

（7）苦情戏

苦情，或者说卖惨，好像是我们文化里的一个普遍现象。我们比较少讲幸福和快乐，而是不断地强调某个人很努力、付出很多、很无我、很苦，例如父母、教师、医生、人民公仆，例如自己。

一个女孩发现老公特别喜欢说，"老婆，你看我好可怜"，他甚至动不动就说自己冻着了，饿着了。这时候，他要的就是自己的可怜和惨被看到。但是，如果你为他做了点什么，提前把他可怜背后的需求给满足了，那他甚至会不高兴。

不少来访者发现自己的某个家人有强烈的这种倾

向，他们很爱付出，不为自己花钱，但他们要换取一种东西 —— 道德资本。我有了道德资本，你要回报我一些东西，例如亲近、认可，至少是"请不要攻击我"。最糟糕的是，"你要听我的话"，而且我们关系的一切问题都是因为有欲望、想享受的你。

玩苦情戏的人，很容易和幸福、快乐无缘。

有的人追求"我比你强"，而有的人追求"我比你好"。演苦情戏时，很容易获得这种感觉 —— 我这么好。

苦情戏是一种三角化的游戏，不只是演给自己和对方看，也是演给观众看的。在集体主义中，观众有集体，也有大家长。真心实意演苦情戏的人，是通过灭掉自己的欲求来向集体和大家长显示自己没有私心，自己是安全的。

（8）逼孩子听话，相当于给孩子喂毒

对一个人最严重的伤害是，持续地、全方位地、密不透风地、不停歇地告诉他："你的感觉是不可靠的，你不知道自己是谁，你的自发性选择都是错的……你要按照我说的来做。不然，我就骂你、揍你、教育你，直到你听话。"

重点在于那简单的词语 —— 听话。不把"你"的自我灭掉，你怎么会听"我"的话？

逼孩子听话，相当于给孩子喂毒。这听起来有点惊悚，但在身体层面容易成真，因为孩子被逼迫顺从大人，他会产生恨意。当恨意转向身体时，就容易伤害身体，甚至导致疾病。

持续地否定孩子，容易将孩子的自我连根拔起。在这种环境中长大的人，会不知何谓自己的感觉，他只能活在塞满了别人话语的头脑中，而不能与自己的心、身体联结。具体就是不能以自己的感觉为中心，甚至都找不到自己的感觉。

当你持续地否定一个人时，必须这样去想自己的基本动力 —— 你可能并不希望对方优秀。当孩子被父母持续否定时，一样可以如此思考。不过，你还是要追求优秀，但不是为了让父母开心，而是为了让自己活得更好。

父母当然需要教孩子，这一点毋庸置疑，只是教的

时候，要知道自己的局限。或者说，得问问自己：教孩
子的时候，真的是出于孩子的需要，还是出于自恋。如
果出于自恋，父母教孩子时，就总会追求这种感觉：我
比你强，我比你懂得多。而孩子也容易配合父母，就真
的把自己弄得不如父母了。

　　孩子七八岁了，父母还教孩子掰着手指头数数。这
太落后了，但用这个方法的大有人在。被别人指出来
时，父母就有被打脸感，这时也是自恋受损。这种受损
有必要，因为这样才能改变，胜过继续那样教孩子。

（9）喜欢控制孩子的父母

　　每个人发出自己的声音时，都会自觉或不自觉地
对别人的回应做出预估，并据此进行调整。自我匮乏的
人，发出自己的声音时，会犹豫或不情愿。发出后，又
非常担心别人会给自己不好的回应。如果可能的话，他
们期待自己每发出一次声音都能得到完美的回应。

　　所以，有些父母每当有付出时，容易对孩子强调他
们的付出有多了不起，他们多伟大，"你不能忘恩啊"。
你若忘恩了，他们发出的声音就等于没有好的回应了，
这意味着，他们发出的声音失去了存在的意义。这些父

母存在的意义，需要孩子来确认。

这种恩情，特别让人难以接受，关键在于此。我是如此匮乏的人，可我还是冒险对你付出了，这时你若不把我的付出当回事，我就等于是个蠢货。理解了这一点的话，对于这种付出，还是给予理解吧。其实，许多父母并不求物质回报，他们希望的是，自己发出的声音能被确认有效并是好的。

太自恋的父母，也是太脆弱的父母。他们会对孩子好，但希望孩子承认这一点。孩子如若有一点不满，他们就会从自恋陷入无能感中。这时，他们会立即反击，譬如攻击孩子，让孩子陷在无能感中，从而保护他们的自恋。

有些父母会一遍遍地对孩子说，"我对你做了什么什么，你可不要忘恩""你要是辜负了我，就是不孝子"，等等。他们这样说，是因为他们心中的爱太少，他们很害怕自己付出的爱没有回应。同时，他们又自恋地想，自己的爱如此宝贵，一点点爱都应该收到巨大的回报。

父母的这种做法，从孩子的角度来看，当孩子没觉醒时，这会让他们很有愧疚感，并因愧疚而生出所谓的"感恩"（真正的感恩是出自爱意，而所谓的"感恩"是出自惶恐），但孩子开始清醒后，父母这样做会引起他们很大的反感。但从父母的角度来看，这样做关键是为了维护他们脆弱的自恋。他们惧怕付出没有回应，那时心就会化作碎片。都不易。

有的父母喜欢控制孩子，这是一方面体现，另一方面是，他们的孩子也会邀请父母乃至别人控制自己。原因有多个：第一，有人管意味着被照顾，自己省事很多；第二，被控制者可以说事情都不是自己选的，所以不必负责；第三，控制与被控制，构成了一种双方都习惯的亲密关系，而自由意志意味着孤独。

控制欲太强时，必然追求简单。当试图控制别人时，一样会希望对方简单，由此会导致对各种事物的阉割。当不去控制时，万物会自然生长，并且会趋向复

杂。复杂意味着美和创造力，意味着生命力。复杂意味
着强大的生能量，而控制背后却藏着阉割与死亡。

自然生长的复杂中，蕴藏着美妙的秩序，强控制
导致的秩序则缺乏这种美妙。例如，强迫症患者整洁的
家，就和"美妙"二字没有关系。

控制很重要，但最好是服膺于事物的规律，而不是
自己的头脑想象。

强控制是一种极深的不信任，是认为自己不能控制
的边界之外，有敌意存在。而放下对其他存在的控制，
自然是很深的信任，是深信自己不能控制的边界之外，
有善意存在。父母对孩子严厉控制时，孩子接收到的信
息就是，"我不相信你，你是坏的"。

同理，父母主动制造挫折教育是很愚蠢的，因为
现实的挫折，对谁来讲都已足够，如果直面的话。父母
的挫折教育，是自恋的辩解："我们对你太好了，现实
不会这样，所以要给你弄些挫折感，让你明白现实的残
酷。"父母真正要说的是："我们太好了！"但父母正是
孩子挫折感的主要来源，直面这一点，是父母需要面对

的挫折教育。

（10）人际关系中的界限

　　共生着的家庭的氛围，就像一锅浓浓的、化不开的粥，必会引起消化不良。这锅粥中有爱、满足与幸福，也有恨、匮乏与痛苦，还有竞争与厮杀，以及难言的兴奋与愧疚。当这锅粥能被"梳理"成各种清晰的感受时，家人就可以消化了。当然，如果家人不是都共生在一起，而是有界限地活着，梳理的工作就可以省了。

　　有的父母对孩子的强烈需求，是在时间和空间上的共生需求，会导致孩子的生命力被"绞杀"。甚至可以说，太过于黏稠的关系，会使很多生命力被吞噬。

　　有的父母对孩子的需求是时间上的共生需求，如一些孩子离开父母去读大学了，父母仍一天给孩子打几个电话，甚至每天跟孩子视频。有的父母想要的是空间上的共生，如孩子很大了，还和父母（常见的是妈妈）睡一张床，或者孩子成家了，父母还和孩子住在一起。父母黏稠的、无处不在的盯视，会让孩子失去发展的自由。

一个人能否有独立的空间极为重要。在这个独立的空间里，他说了算，他可以将其他人的目光和评价屏蔽在空间之外。这个空间可容纳他的一切想象，以及一切人性，如自私、欲望、背叛与暴力等。它们的流动，是创造力的根源。没有空间，就没有"我"。

固着于共生心理的人，会渴望别人的眼睛紧紧地盯着自己。两个人毫无缝隙，完全贴合，感觉这样才够亲密。但同时，这双眼睛也会变成苛刻的监视仪。既然是共生，那不仅是对方要符合自己全部的期待，自己一样也要符合对方全部的期待，于是彼此都没了空间。

界限，在人际关系中极为重要，但有的家庭中，有太多"吞没"，很多长辈太强调晚辈要听话。结果，那些太听话、太懂事、太为别人着想，而不能主动树立界限的人，会有特殊的划分界限的方式：不听，不看，不说。有一般性的不听、不看、不说，也有器质性的，即听觉、视觉出问题，或说话能力变得非常差。

界限的对立面，不是亲密，而是共生。亲密，是两个独立的人的融合，共生则是两个人消除差异而融成一个人。而这需要你变成我的一部分，你要和我想的一样。所以，共生没差异，也没界限，差异和界限会让共生感崩毁。对共生关系来讲，界限简直就是死亡。

人，是有界限的，有人际界限、能力限度等。神，是没有界限的，什么都该听到，什么都该做到。如果你在乎别人对你的看法，或者想改变他们，让他们说你好，又或者想改变自己，让他们认为你好，那意味着，你缺乏最基本的界限，并在追求让自己成为神。

（11）没有敌意的坚决和不含诱惑的深情

如何拒绝你？没有敌意的坚决。如何深爱你？不含诱惑的深情。心理学家科胡特创造了这两个充满诗意的短语。前者，就是我不答应你时，我坚决，但毫无敌意，不会说你错了。后者，就是我爱就爱了，无条件，也不会诱惑你需求我。敌意与诱惑，都是让对方后退或前进，而躲避你。相反的两个短语是，"饱含不满的犹豫"和"不含深情的诱惑"。前者是说，你这么做我不高兴，你那么做我也不高兴，但若你问我怎么办，我会说，你自己想。后者如一夜情，而在亲子关系中，常见的现象是，父母用奖励或鼓励诱惑孩子的某种欲望，这种欲望是父母所期待的。父母用奖励来诱惑孩子符合自己的预期，孩子则用讨好等方式，诱惑父母的认可与关注。这都会令孩子有羞愧感。父母的做法让孩子以为真实的自己不值得爱。孩子若诱惑了父母，在被关注的一刹那，孩子会高兴，但紧接着是失落与羞耻。

深情，是无法医诱惑而产生的。不光深情，任何感情或情绪，不管是所谓"正性的"还是"负性的"，如果是因另一个人诱惑产生的，而不是一个人自发生出的，都是一种玩弄。当然，事情的另一面是，诱惑相当普遍。正因如此，深情才更显宝贵。

人类的感情，最宝贵之处在于人们的自发性，而不是为了某种目的。如马丁·布伯说："我与你的关系有一个前提——不将对方视为实现自己某种目标的工具和对象。"有些心理学工作者认为自己掌握了心理规律，所以可以有目的地塑造孩子，引出孩子某种更好的情感来，这是对感情的亵渎。

一旦将对方视为实现自己目标的工具和对象，你们的关系就会沦为"我与它"的关系。但马丁·布伯强调，"我与你"是瞬间，而"我与它"无所不在。意识到"我与它"的恒常存在，会让自己更宽容、不偏激。不过，我们得知道，"我与你"的瞬间才能将生命点亮。并且，不能因为给目的披上了正当的外衣，就可以在玩弄别人时沾沾自喜。

（12）逃离原生家庭

有时，逃离也非常重要，当然得有前提——有一个可逃离的空间。古希腊之所以很早就开启了民主的进程，一个重要的原因是它的地理特点便于人逃离：附近有爱琴海和众多岛屿，再远一点是地中海。逃离太方便了，虽然希腊是多山地形。而且，民主与专制，最初就是在父亲与儿子之间。当父亲的权力太大，对孩子的盘剥太严重时，年轻人逃走就是了。这种局面导致老人不得不让步。这是民主的源头。

现代社会，如果家长对孩子太过分，此时若有可以容易逃走的空间，年轻人一定要重视这份资源（可逃跑的空间）。古希腊时代，男孩可能会逃走，但女孩只怕还没有可逃离的空间，而现代社会，成年女性一样有可逃离的自由。

　　好好使用这种自由，如果你的家庭让你有窒息感，你可以少回去，甚至不回去。这会倒逼家庭中的一些老人向孩子低头。

　　并且，有了这种经历后，你对这个社会的警惕性要高一些，要好好保护自己。

　　有的家庭有时候很残酷，当使用你的肉身为家庭谋婚姻利益时，尤其残酷。以前一个调查显示，青春期和成年早期的中国女性，自杀比例很高。我想原因就是，她们被盘剥得太严重了，先是被娘家无情地利用，如换亲这种可怕的事，结婚后在婆家还要被压榨。

　　如果你连自己的身体都不能掌控，那你不是奴隶是什么？同时，又有广阔的自由天地在等着你，为什么要犹豫？

两性关系

（1）不能构建爱的关系，就只能构建幻想中的关系

　　一个人如果有优秀的条件，会让人一开始容易喜欢上他，但最后情感的深度，主要取决于亲密程度。防御亲密的人，自身条件再优秀，也不可避免地会遭受情感上的打击。

　　一想亲近，先想到了分离；去爱之前，先体验到的是爱而不能；被爱的渴望被唤醒前，先唤醒的是对爱的绝望……多少人有这样的想法。爱一个人，就会变成傻瓜。傻瓜感，对于自我脆弱的人来说，是一种自我破碎。为了保护自我的完整性，我们会选择不成为傻瓜，不让自己有这种可怕的破碎感。最怕破碎的人，常待在自闭的世界里，用脑波发出爱的信息，却不能将爱变成行动，因为软塌塌的自我不能发起爱的行为，也不能承受在爱中受伤。

太多人发现自己不能投入地去爱一个人，不能投入地去做一份工作。这应该有许多原因，其中一个常见的原因是，和一个人或事物建立很深的关系，会让我们害怕，我们害怕爱上这个人或这个事物。

不能构建爱的关系，就只能构建幻想中的关系。而幻想中的关系总意味着一种基本的分裂：要么自己是好的，而对方是坏的；要么自己是坏的，而对方是好的。前者会让自己恐惧被对方"污染"，后者则让自己害怕"污染"对方。随着爱的关系的构建，好与坏也就逐渐融合了。

在与一般的朋友相处时，我们看似放松自在，但其实是收着、拢着的，容易只展现自己表面好的部分，而黑暗与痛苦不能呈现出来。在恋爱关系中，我们会有强烈的动力，要呈现自己的一切给对方，特别是黑暗与痛苦。如何带着温情容纳彼此的"阴影"，常会成为恋爱中最难的部分。

（2）婚姻是找一个伴，而不是找一个梦

"灵魂伴侣"这个词在徐志摩那句"得之我幸，不得我命"里，有一种赌博的意味，意思是"你存在，我的存在才有意义"。相对而言，那个平实一些的词——"人生伴侣"则意味着，我存在，你也存在，我们相伴而行，共走一段路。

当爱人只是满足你需要的对象或工具（客体）时，你会为可能失去他而焦虑，甚至严重焦虑到你觉得自己要死了的地步。当你将心门打开后，同样面临可能失去他的情况，你的体会是恋恋不舍。你的心门完全打开时，你与他就建立了"我与你"的关系。那时，你将永远不会失去他，因为他就在你心里。

成年婴儿都想找"妈"。找不到，很痛苦。找到了又如何？有不少这样的爱情故事：一方心甘情愿扮演超级妈妈，将对方当婴儿养，对方也享受得不得了。这样的爱情有的平实，有的浪漫，但都有满满的爱。可最后，"超级妈妈"会崩溃。更要命的是，成年婴儿的人格会全面萎缩。沉溺式的爱，会让人失去自我。

很多女人希望找一个男人来照顾自己，可男人不能扮演这个角色。因为这并非全部，一旦得到了一个"妈妈"，女人还会渴望有一个"爸爸"。一个女性来访者说得很好："他（男人）是我妈，可我还想有男朋友。"男人必须活出自己的能量，活出自己生命深处的原动力，而不是耽于扮演一个看似被人赞其实可悲的角色中。

"把她当婴儿一样照顾得无微不至，将她当女神一样崇拜，绝不说一个'不'字。"——网上各种关于女人该找什么样的男人的段子，可以概括为这样一句话吧。在咨询和生活中，我也发现，这样的关系哲学真的是存在于很多恋情和家庭中。但若你有这种渴望，至少该知道，这是婴儿的原始渴望。

有些人对好男人的定义是，稳重、厚道，但被动、消极。被动、消极的原因，是有一颗玻璃心，承受不了渴求表达后被拒绝的挫败感。他们那张缺乏表情的脸很有欺骗性，会让女人觉得怎么攻击他们都没事。其实，他们只是貌似沉默寡言，不满却在心里累积，等着"爆炸"。即便不"爆炸"，感情也在消亡。

（3）自我消灭不是爱

你在意的人说，"我希望你成为……样的人"，于是，你朝那个方向努力。你认为这样会赢得对方的欢心，但这必须建立在一个基础上——对方的意识和潜意识是一致的。很少有人能做到这一点，所以，你很容易就会发现，你成为对方期待的那种人时，对方反而觉得你索然无味。这一悖论，在婚姻中最常见。

你必须忠于自己。当你热切地、过度地满足一个人的所有要求时，你以为这是爱，但同时，这也意味着，你将对方投射成了一个苛刻的、必须被满足的人。

当两个人想彻底融合成一个人，但心智上仍非常自我时，就会变成：我无比渴望你的眼睛看着我，意识里这对眼睛充满爱意，但潜意识里，如梦中，也会出现一对眼睛，无比苛刻与挑剔。

两个非常自我的人也可以看起来非常好地融合在一起，但其实是一个人的自我消灭，融合到了另一个人的自我中。这个自我消灭的人，他的身体、心理乃至外在的事业等，都会处于被消灭的状态。

"在这场婚姻里，我没有一天是不使劲的。"一位女士说。开始是拼命付出，对丈夫好。关系出现问题后，她又努力改变自己，但爱仍渐行渐远。或许关键是，太使劲的爱都有这种逻辑：我对你这么好，是为了向你证明我有多好，而你得承认我的好；如果不承认，我就会不满。于是，对方失去了不满的空间，并感觉自己被绑架了。

我要向你证明，我是好的。而你必须来向我证明，我的确是好的。否则，我就觉得我是坏的，转而觉得你也是坏的。相反的境界有两种：一、我觉得我是好的，所以无须证明，我对你好，但无期待，不控制你；二、我接受我有坏的部分，我甚至喜欢这份坏，所以不装，你也不必装。

太使劲，会让压力导致压力，两个人都不自在，对方会感觉到被束缚了。同时，如果你太使劲，你会觉得这种旷世恋情是人造的，而不是自发的，所以不真实。

深层逻辑是，我觉得我是坏的，所以我走向相反的方向，表现出好，以此来显示我是好的，但要证明我是好的，却有赖于我爱上的你，所以你要证明我是好的。爱，就是为了这个目的。但若我们能看到并拥抱本性——这如果被证明，我们就可"解放"。

更简单的表达是，人性自身即答案，生命自身即答案。先看到复杂的二元对立，而后不带二元对立地看到这股生命之流，这就是答案。

很多人谈恋爱，就是找到一个像父亲（或母亲）的人，唤醒儿时因为对父亲（或母亲）绝望而"关闭"的渴求与声音，重新打开自己的心门，试着在新的轮回中得救。这时，他们的内心常有一个声音——"求你确认我的价值"。若不得，他们的心会再次破碎。其实，关键不是被确认，而是要看到儿时不被看见而产生的自卑。直视它，即可自愈。

（4）婚姻关系中的听话哲学

听话哲学很害人，亲子关系中的听话哲学也会延伸到婚姻关系中。很多人在亲密关系中超级有战斗力，一点小事都可以激发他们强烈的愤怒。他们到底想要什么？其实，他们要的很简单，就是听话。即对方不要挑战他们的自恋，最好是充分满足、充分配合。挑战了，他们就会无情地进行战斗，绝不妥协，因为高自恋的另一端，就是虚弱的自卑，他们怕碰触到这个。

有人有过一两次失败的婚姻后，发现这是自己的核心需求，于是就非常有意识地找各方面都不如自己的、没脾气的（好控制的）、表面上容易满足的人，这样就舒服多了。

这是深刻的教训，因为最初谈恋爱和结婚时，人还是容易喜欢条件好的、优秀的、活得精彩的，可这样的人有个性。即便他们一开始没有，也会逐渐活出来，而且有条件支持自己任性。同时，非常自恋的人又不愿意改变自己，所以找优秀、活得精彩的，最后都会很受伤。

经历受伤后，就能深刻地认识自己的核心需求了。知道在漫长的人生旅途中，自己只需要有一个枕边人给自己认可，有时还喝彩，至少不闹事，闹事了也好摆平。

也有一些人杰，一开始就清楚地知道这是自己的核心需求，所以找结婚对象时，就非常有意识地找这样的伴侣。

不过，谈恋爱时，人们都是一样的，容易被活得精彩、有活力的人吸引。所以，这样的人杰，还容易想两种便宜都占：找一个好控制的人结婚，找一个活得精彩的人做情人。一个不够，就不断地找，而且这个好控制的一辈子都舍不得离开。但是，对于这个好控制的人来说，这到底是一种幸运，还是更深的悲哀呢？

当然，想不断和有精彩生活的人出轨，那自己也得不光自恋，还要活得精彩。有人只是自恋，实际上也没有精彩的资本。这样就可以达到一种比较低水平的平衡了。

低水平的平衡，也可能是一种生活，但与"爱情"这两个字，或许就无缘了。

一件小事不对，就上升到你爱不爱我的高度——这是很多人的问题。这看起来是关乎爱这么伟大、美妙的事，但仔细听就会知道，它其实是这样的：你到底是听我的，还是不听我的？你难道不知道这是比天还大的事？！

更深一层的逻辑是：我的一切念头＝我。如果你按照我的念头来，那就证明我是对的；如果你没有回应我的念头，那就证明我是错的。为了捍卫"我是对的"，我就逼迫别人事情不管大小都要按照自己的意愿来。

"你必须为我负责！""这是一个负责的男人。"如此这般的话，是我们常常听到的，是说负责是评价男人的第一标准。可是，太负责的男人总是一副沉重样，已阻断了性与欢愉的本能。之所以男人不坏，女人不爱，是因为唐璜般的男人总带着性与欢愉。无趣、被动的好男人应当看到他们的罪是对性与欢愉的潜意识渴求。

总是陷入"你不爱我"这样绝望情绪的人，会构建两种关系：一、在自己爱的人面前，总是被"你不爱我"的绝望"抓住"；二、在爱自己的人面前，则让对方承受这种绝望。

解决这一问题的关键是，允许绝望在心中升起，体验它，观察它。绝望背后，是对爱的一种柔弱的渴望。在没有体会到这份柔弱的渴望前，那种对爱的浓烈渴望，本质是"你要好好爱我，可你怎么爱，我都不相信是真的，但求求你，给我证明"。柔弱的渴望，是原初孩子时的渴望，它出现了，心门就打开了。

（5）性格对立的伴侣

一个从不抱怨的人，容易找一个总是怒气冲天的伴侣；一个从不想别人坏处的人，会容易爱上一个阴谋家。这看似荒诞，但其实是自我圆满的渴求。用荣格的说法就是看似极端对立的伴侣，就是你人格的阴影，也就是所谓的"阿尼玛"和"阿尼玛斯"。

心理问题总是成对出现的，在两性关系中，这一点最容易出现。如果你是 A，那你的伴侣就很容易是 -A，即你的对立面。譬如，这样一种配合很容易出现：一个人特别求稳，每天都做同样的事，千篇一律永不倦；另一个人则堪称患有"恐惧第二遍综合征"，什么事情都惧怕重复，力求永远处在变化中。

婚恋中一种常见的组合是，一个从不愤怒的人，会遇到一个愤怒越来越多的伴侣。后者的愤怒，常常是替前者表达被压抑的愤怒。然而，前者会打压后者，认为后者这样会很有问题，于是后者觉得自己被限制了。其实，关键是前者对自己的愤怒有愧疚感。

　　许多人对别人特别是对配偶，有一种超理直气壮的愤怒。它的表现是，我对你有一种期待，而你没满足我的期待，于是我就愤怒得不得了，怒气大到想掀翻一切。若仔细体会这份愤怒，就会发现，愤怒背后是很深的匮乏感。这份匮乏感会让自己特别无力、愤怒，就好像为了表现出点力量来似的。这份愤怒也有其合理性，它最初的产生，是在婴儿早期。那时，婴儿觉得妈妈乃至世界和他是一体的，而他是无所不能的。所以，他的所有需要，当然要第一时间满足。若没得到满足，他就会愤怒。所有人都经历过这一阶段，它的解决办法不是延迟满足，而是足够好地满足。一旦全能自恋得到足够好的满足，婴儿就能在此基础上真正接受他和妈妈不是一个人，世界也不会围着他的感觉转。由此，他才能接受匮乏感，形成延迟满足的底子。也就是说，必须有足够多的满足，他才有能力承受不被满足，并且知道别人不对他的匮乏感负责。同时，他也有力量去寻求资源，或接受挫折。

两性关系中，当一方要求对方无条件地包容自己，
而对方又在一定程度上配合时，前者就很容易成为不断
突破对方底线的"疯子"，而后者则容易成为被践踏、
被忽视、被玩弄的"炮灰"。

渴望对方无条件地包容自己的人，得直面自己的
超级自恋，以及事情稍不如意时引起的暴怒。可持有温
和而坚定的态度，坚守住底线，温和、敏锐而充分地沟
通，理解对方，不给对方贴评价性的标签，这是一流咨
询师要干的事。对于渴望被包容的人来说特别重要的，
是反思自己为何成为这样的人。

亲密关系中，你想向对方传递爱意，对方却处于敌
意或无视状态。这时，你传递爱意的能力能维持几个回
合？这是一个重要的指标，夫妻关系有严重问题的，双
方传递爱意的能力都相当脆弱。最常见的是，只能走一
个回合，即我向你传递爱意，而你不给予好的回应，我
立即就受伤、无助，乃至暴怒。

　　既能看到对方的敌意、无视，甚至能深刻地懂得对方是怎么回事，并给予回应，又能持续地向恋人传递柔情蜜意，这是很高的境界。若做不到，至少试试觉知并拥抱自己的无助、脆弱，不被它们控制，不发展成暴怒，并持续地传递善意。

　　无望的关系行将结束时，成熟的做法是接受分手这一事实，并在财产等事情上合理地处理。如果做不到接受，就容易变得偏执，如将对方想象成迫害者，而将自己想象成受害者。这一想象越严重，爆发出的攻击性就越强，结果以受害者自居者，反而成了事实上的加害者。

（6）对错游戏

　　对错游戏，是婚姻的一大杀手。玩对错游戏，追求我对你错，是为了保护自己脆弱的自恋。你错了，我就对了。你在一件大事上做错了，我就永远对了。一直揪着配偶的大错不放，原因在此。这也可以理解为，当你玩此游戏时，你破坏的也是对方的自恋。即便对方偶尔能配合你，但久而久之，谁也受不了。玩对错游戏者生活在一种错觉中——如果我永远是对的，那么事情就永远在我的掌控中。所以，不管冒多大的险，我们都要跳出来，学会表达情感，而不是执着于对错。

你是我的，这一点可以确认时，我会尽我所能对你好，但这个你是我想象出来的，与你无关。你是我的，所以我可以随意处置你。你本是我的，但你竟然想离开我。当这样的事情发生时，我就恨不得尽一切所能毁了你——很多恐怖的爱恨情仇，由此而来。

亲密关系中的战争，常常也是残酷的。比较低劣的情形，是利益之战。最常见的，是自恋之战——争出我是好的你是差的、我是对的你是错的等。若"屏蔽"了对这种战争的觉知，那么结果就容易是，等你稍有觉知时，已是遍体鳞伤。

并且，更为重要的是，敏感地觉知到这种战争，常常意味着，在敌意和不满刚出现还远不是战争时，你能做很多工作。若有爱的能力，可以用爱包容和化解敌意和不满。若无爱的能力，则可以自保。最惨烈的是没有觉知地去忍耐，这样既不能化解对方的敌意和不满，又不能自保，最终输得很惨。

　　我做了 A，你要做 B，否则就有 C——断绝关系或惩罚。这个自恋幻觉的 ABC，是每个人都在玩的游戏。我们常常用这种方式与别人建立关系，如爱情。但这种方式若太强了，我们就会有被局限感。于是，我们想"撕毁"关系，用另外一种方式活着。突破局限，是灵魂的渴求。不幸的是，多数人会继续掉入同一个轮回。

　　一段关系结束后，想再建立新的关系时，假若没有找到自己，你会发现，你似乎只能用以前固有的方式建立新的关系。除此以外，你没有别的武器。于是，你自觉不自觉地又使用了同样的方式，玩了同样的游戏。

　　很少有人不这么做。我听了至少五千个故事，原来忍不住会给分手之类的事情一些美好的说法，但现在觉得，恋爱啊，分手啊，折腾啊，都是在寻找自己的灵魂。当然，很多人仍停留在更低级的游戏——譬如金钱上，但认真的恋爱与分手都是在寻找自己。问题是，我们将答案放在了别人身上。

（7）相爱容易，相处难

　　婚姻中常会见到这种情况：一个人认为自己很强，而这其实是幻象，是建立在对方顺着自己、纵容自己的基础之上。这种纵容越极端，对方的幻觉就越强。结果，认为自己强的一方真以为自己强，而对方很弱，但当对方撤回自己的顺从与纵容后，所谓的"强者"才会发现自己是如此虚弱。

　　人性复杂，所以感情也很复杂。如何面对复杂，有两条路：一条路是回归简单、僵硬、封闭与压抑，同时伴随着仇恨，以及对某一个群体（如女性）的摧毁性压制；另一条路是宽容、流动与开放，同时也有各种所谓"丑陋"与"不堪"，并且大家都不得不学习平等与如何获得真正的爱。前者是各种原教旨主义，后者即理性与爱的路。

　　在情感这条路上，人们都要学习，并会犯各种各样的错，有时错得离谱——因爱无能，也因对爱的渴求甚至超出生死。但若无刻意加害，请尽可能保持谅解吧，至少不是憎恨对憎恨（后者可能是自己想象出来的），报复对受伤。爱情是一面镜子，你如何对待它，首先照见的是你自身。

情感需要经营，需要两个人投入心力，即爱的灌注。不过，许多人以为，关键是你是否找到了那个对的人。如果这个人不合适，有人甚至认为都不必与其沟通，不必努力改变自己与经营这份感情，换一个，或再多找一个乃至几个就可以了。如此一来，他们所谓的"感情"，就只是在"吸血"而已。

相爱容易，相处难。灵魂上颤动的深情很难得，而感觉上颤动的激情要容易多了。若想找到灵魂上的颤动，要先问自己："你很深地碰触到自己了吗？"若没有，那种颤动多是后者。执着于找感觉上的颤动，很容易沦为"吸血"。

（8）病态的爱

我们很容易向别人索要理解，却难以理解别人，甚至缺乏这一意愿。

　　怎样证明你爱我？自恋的人，因自恋的程度不同，会找这三类证据：你为我痛，你为我疯，你愿为我去死。看到这些证据时，他们的内心会喜不自胜，但又表现得好像心疼你："啊，把你弄得这么痛，我真不好！"当然也有直爽的，这通常是更自恋的，会直接说："看你因我而痛，我很爽。"

　　渴望被爱的人，有时会陷入这种逻辑：当我呈现最差、最烂的一面时，你还爱我，那才证明你爱我。但若是自爱的话，这种逻辑就不会存在。被爱时，若是渴望被搭救，那就会演变成很多悲剧。所以，请先自爱。

　　你是否愿意为我去死？——将此作为真爱的标准，这不罕见，最自恋的人会这样想：你要愿意为我去死，我不会付出丝毫。而一般自恋的人多是这样想的：我愿意为你去死，你是否同样愿意？他们说这些话时斩钉截铁，而这些是想象，并非真实。

为保护对方而付出自己的生命，这很常见，也有意义。但自我没构建起来的人，渴望这种感觉 —— 你要没缘由地愿意为我去死，我也是。所以，他们会在无聊的小事上也要论生死，也会像哲学家一样纯粹地、无缘由地玩生死。爱比生命更重要，以此来证明自己是有价值的。

恋人相约自杀，结果一个死了，一个没死，没死的那个再也不想死了；一个人杀了恋人后，想自杀，但自杀时力度不够，死不成。很多次看到这样的新闻都觉得荒诞，现在想的是，他们看似要的是爱，其实真正要的是自恋（无贬义），即用爱来证明他们的自我的存在是值得的，自恋才是第一位的。也因此，他们没法杀自己。

我不爱你，我恨你，我觉得你糟透了，可我离不开你，因为你具备超重要的价值。我可以将我的一切不幸与痛苦都归因于你，而免除自己的责任。多少人的所谓"情感"，其实是这样的。

关键在于，自我太虚弱，所以必须归罪于人。我们太多时候会看到，当不能归罪于别人，特别是伴侣时，很多人立即就会进行严重的自我否定、自我攻击。增强自我，首先要觉知并放下自我否定和自我攻击。

无情一旦"启动"，仿佛就得无情到底，因为爱一旦产生，对过去的无情就会产生巨大的愧疚感。这份愧疚太重时，自己难以承受，就容易把向内的愧疚变成向外的攻击，而自己本来愧疚的对象则变成了自己要折磨的人。所以，不要让这种人欠你太多。它太沉重时，就容易变成恨。

健康关系，是"我与你"；掠夺性关系，是"我与它"。当我将"你"视为"它"时，就意味着我将你视为非人，所以侵略、剥削你时没有愧疚。但一旦我发现你和我一样都是人，我们之间有爱，这时，过去的侵略、剥削就会带来愧疚。

控制别人的感觉虽然不错，但活出自己的感觉更是好上无数倍。不过，但活出自己太难了，特别是周围环境不提倡这一点的时候，人们就容易避开这份艰难与机会，而去追求控制别人。控制，是对别人生命力的低效掠夺。

(9) 真正的爱

　　没有一个爱的人在心里，你的自我必是涣散的。爱，就是自我的聚心力。所以，我们有时会找一个人，不管这个人值不值得，都为他而奋斗。这看似是犯贱，却让你的自我凝聚在一起，甚至会有爆棚的战斗力。但终究，你要找到那个真正值得爱的人。那时，爱者与被爱者就会合二为一。

　　真正的爱情的一个重要功能是，突破自我，实现融合。要得到爱情，自我必须有时候能够"死"去。并且，成功可能会成为一种限制，一个角色做得太成功了，你会有一种渴望 ——毁掉这个角色，做回简单，回到自由。

　　"爱"是一个有太多意义的词，难以写清楚，那就换成"依恋"吧。每个人都可能将自己逐渐从拒绝依恋，先变成矛盾依恋，再变成安全依恋。拒绝依恋，是根本不信能与人建立深情，所以绝不尝试。矛盾依恋，是开始相信但又极度惧怕失去依恋，而左右摇摆。安全依恋，是将深情纳入内心，而不再惧怕失去。

我们寻找一个爱人，即在寻找"我"与"你"的相遇。有人要的境界是，你爱我，但我可不爱你；有人要的境界是，我爱你即可。前者，自己为主体，要别人做客体。后者，自己甘做客体。其实，真爱只发生在我与你消融的那一刻，主体与客体之分消失的那一刻，两个人深度而全面的心灵感应，让我们找到了真我。

我们在爱恨情仇中折腾、打滚、厮闹……上演一出又一出肥皂剧，只是为了那样的时刻到来——相信爱是存在的。至于肥皂剧中的情节，主要是为了唤起我们爱恨情仇的感觉，特别是受伤的感觉，但情节本身，倒真可以适当忽略。

几乎从未体验到爱的人，他们最恐惧的一件事，是爱意的升起。那一刻，他们会觉得自己无比卑下，卑下接着转为绝望。"遇见你，我变得很低很低，一直低到尘埃里。"张爱玲这句话触动了无数人。然而，若父母用爱照亮过孩子，孩子在爱意面前就不会是这种感觉。

"我喜欢这个人。"说这句话，对于心门完全敞开的人来说：首先，这可以是纯粹的欣赏——看到了那个人身上的美好品质，完全与自我无关；其次，是那个人的美好品质是自己的"理想自我"；最后，是将自身的一部分投射到了对方身上，然后觉得和这个人建立了联结感。其实，这只是和想象中的自己建立了关系而已。

　　"我喜欢的，不喜欢我；喜欢我的，我不喜欢。"这句话中隐含的一个意思是，你总是在构建"我不喜欢你"的世界。并非造化弄人，而是你的内心在玩弄你自己。

　　将你的心门打开，别人的爱才能流进来，你对别人的爱才能流出去，深厚的感情才能建立。

　　爱情的另一大功能是，唤起你关于爱的种种感受，让你最终深信爱的存在。若没有体会到这一点，则可以说，"你还在路上"。当然，你可能都没"起航"。

爱情会激活我们的生命，当一切情感都淋漓尽致地流淌时，我们就找到了存在感。相爱的两个人很深地融合时，不仅孤独不在，而且好像自己也变得更为完整了。相爱的两个人，互为镜子，借助这面镜子照见自己的存在。对方虽然愿意接纳你的种种存在，但你自发地愿意照着这面镜子，让自己更完美。

所以，爱情最好是追求幸福和快乐，这样才称得上是爱情：有爱，有情欲。但驱动爱情更常见的动力，是追求内心的圆满。因此，爱情有时是最恐怖的自虐，因为是试图拿血肉直接化解内心最恐惧的部分。愿我们都能追求到真正的爱情，有爱才有情。

 13

何谓亲密　　　　　　　

/

亲密关系，得有亲密。亲密，需要深深的理解与接纳，这会带来联结感。联结感，是亲密关系中能否亲密的关键。缺乏联结感，可称为"失联"。如何处理失联，有性别差异的不同处理方式。男人易诉诸理性与逻辑，女人则易歇斯底里。逻辑男和情绪女，无高下之分，都是失联的可怜人，且他们容易在一起，彼此折磨，彼此治疗。

他身上的缺点如同繁星，可是，为什么你还和他在一起？因为他的优点如同明月，明月一出，繁星都不见了。

亲密关系中，这个明月就是亲密。每个人都有很多缺点，可一旦两个人之间有了亲密，这些缺点就很容易被接纳，甚至变得可爱起来。

因为人作为一个能量体，需要被一面镜子照见来证明自己这个能量体是"好"的，而亲密就是普通人都可以得到的最直接的照见。亲密必然意味着你接纳我，我也接纳你。亲密程度越深，被照见的程度就越深。

这时候，就引出了一个问题：头脑之间是不能联结的，虽然能达成所谓的"共识"。身体上的联结却比头脑之间的联结容易很多，而性是非常直接的身体联结。因此，好的性关系，因为是亲密的直接证明，所以会让关系变得很不同。

人作为一个能量体，当你被能量充满时，你会发现，性这个玩意儿也不是个玩意儿了，性的愉悦远不如能量充满的感觉。

当你被能量充满时，就是一个个体能找到的"明月"。当你做到这一点时，就会看到，你身上的缺点，乃至其他人身上的缺点，都是可以接纳的"繁星"。

能被能量充满，这在相当程度上是因为，"我"被"你"这面镜子全然照见了。因为有了全然被看见的感觉，所以"我"的所有能量可以喷涌而出。

但是，如果在一个关系中，你远离自己感觉的情况比你一个人时还严重，那就意味着，和这个人在一起，你更孤独。

很多人是在超负荷地活着，这种感觉有人持续了一生，但他们甚至都不觉得这有什么问题。不过，一旦在关系中——一般都是在亲密关系中——获得了容纳，体验到了归属感和控制感，他们会突然失去以前的一些所谓"拼劲"。因为他们发现，现在这才叫生活，以前那是活着。

我想得到"爱的证明",而这个证明是,你愿意为我牺牲。

成年人的世界,当你想追逐这种感觉时,你就成了渣男(渣女)。不过更糟糕的是,你想给出这份爱的证明,于是你成了"炮灰"。

亲密关系中,呈现你的真实,胜过满足对方的需求。

喜欢一个人时,有人喜欢赋予对方"男神""女神"的称号。如果是半开玩笑还好,但是,如果真把对方放到这个位置上,就有这样一个隐义:你在关系中有死亡焦虑,因为对方可决定你与关系的生死,而你卑微至极,你们如同神与人的对比。有时候,对方会把自己放到神的级别。在这种情况下,你心里不妨把"神"变成"神经"。

14

心里住着别人

/

成为一个人的过程，是在心里住下一个爱的人的过程，而不仅仅是学会承受孤独的过程。

心里住着一个人，这和孤独是两个全然不同的概念。英国心理学家温尼科特发明了一个词，大陆一般翻译成"原始母爱关注"，而中国台湾的翻译很直接——"心中有孩子"。妈妈若心中有孩子，就能自然而然地想着孩子，可以站到孩子的角度考虑，而且不费力。心中若无孩子，要做到尊重孩子的感觉，就要做巨大的努力，无比辛苦。

若心中几乎没有住着任何人，那么，那种孤独可以导致这样的意象——多个来访者都有：一个幼儿，血淋淋地赤裸着。让婴儿孤独地待着，或准确地说，让一个心中没有住着任何人的人自己待着，就意味着，让他处于地狱中。而这几个来访者都说："时刻处于死亡中。"

弗洛伊德之后的精神分析家们提出客体关系理论，即客体存在，自体才存在。对一般人而言，我们不同程度地意识到，由亲朋、同事等组成的人际关系网络是重要的社会支持系统。而对于心中没有住着任何人的孤独者来说，他们会时刻体验到，没有关系托着自己，就等于死亡。

科胡特提出了自体心理学，将重点放到了自体上。自体需要在和客体的关系中，让自己的能量流动，发出种种信号。而客体回应这些信号，允许自体的能量流动，并回以自己的能量。如此，自体作为一个能量体的存在是被证明、被确认的。

当你心中住着别人的时候，你对对方说话或做事时，对方会感觉到那份温度；当你心中没有住着别人的时候，你说话与做事很容易成为控制。前者，对方不仅会感觉到温度，还会感觉到自己有自由空间。而后者，对方会感觉到被控制、被胁迫：你必须如此，否则我就会不高兴。

不过，我还是想说，若你遇到控制欲望很强的人，你也要明白，他的控制，其实是想和你建立关系。只不过，因为他心中从未真正住过一个人，所以建立关系的渴望才变成了控制。明白了这一点，就说明你心中住下了对方，你会有温度地对待他、容纳他。

我们都想扰动彼此。若心中住着对方，基本相信自己的心能引起对方的回应，那么会温柔地扰动。如果心中没住着一个人——这也意味着你不曾住进别人的心里，就会不相信对方会真的回应你，所以必须用控制的方式来影响对方。

人际互动中，特别重要的一点是：对于不同意见或负面情绪，自己有多大的容纳空间。亲密关系和亲子关系中最常见的"绞杀"，其产生的原因是，对与自己不同的看法与负面情绪没有容纳空间。最严重的情形是，不给对方一点空间，并施加最大的压力，要灭掉不同意见与负面情绪，而让对方与自己的想法和情绪一致。

见过许多这样的伴侣关系：我做什么都要看你的脸色，怕你不高兴；同样地，你做什么我也紧紧地盯着，也很容易不高兴。两个人对彼此的在意到了极致，扼杀也到了极致。结果，两个人都无比委屈，同时又非常残酷地去压制对方的不同看法和负面情绪。

一个人能有多大的容人之量，这取决于他心中在多大程度上住着一个人。而这一点又取决于他自己曾在多大程度上住进另一个人的心里。所以，父母若想锻炼孩子的情商，特别重要的一点是，做一个好的容器，容纳孩子的不同看法和负面情绪。

信任，就是万丈深渊。因为信任一个人就意味着将心门敞开，但一敞开，就会觉得外面很冷，甚至感觉正好有一把刀子对着自己的心口。严重缺乏对别人的信任，或者说基本将心门关闭，原因是，生命早期，心门一敞开，就会处在风刀霜剑中。母婴关系中信任的确立，来自母子间的情感联结，而信任的严重缺失，都是因为母婴间几乎不能建立联结。重新恢复信任，即建立与人的联结，是一个很长的过程，但很美。

⑮

爱的本质是被"看见"

/

当我把你感知为带着基本敌意时，是不能接受你的信息进入我的世界的，因为这样意味着我屈从了你。这一点也可以倒推过来：很难听进别人意见的人，甚至常常都听不到别人本意的人，是觉得外部世界敌意满满的人。同时，他的内在对外部世界也充满了敌意。

我能量的展开，需要你的允许。所以，一个人能量的展开水平，是由生命最初的关系所塑造的。如果想提高能量的展开水平，通常需要借助新的关系，让一个人感受到，"我的更高能量层级的表达，是可以的"。

人也可以借助一段关系来实现能量层级的改变。当关系中的两个人情感越来越深，即关系的深度越来越强时，这段关系会成为一个不断扩容的容器，你们彼此的能量表达的层次都会提高。当然，反过来也常发生这样的情况：一段糟糕的关系会让你们越来越萎缩。

看见，就是爱。每个人都在向这个世界要回应，而且希望是积极的回应。这在成年人的世界里并不容易，你想挣大钱，世界未必积极地回应你。但在小孩子和小宠物那里，积极的回应是相当容易得到的，你对小孩子和小宠物好，对方就会回应你依恋和微笑。

⑯ 关系在碰撞中产生

/

人生是一条漫漫长路，风景无限，不要期待自己一直保持所谓的"心理健康"，那可能意味着，你一直走在安全的平地上。

套用一下日本设计师山本耀司的那句话："一个人的自我，是在关系的碰撞中形成的。"厉害的人物，是在和厉害的人、事和物深度碰撞中淬炼而成的。深度碰撞自然有各种痛苦，甚至是深度痛苦。

不仅要和外在的厉害客体去碰撞，而且还要敢于深入你黑暗的潜意识深处。这样，你才能看到更多瑰丽的风景，淬炼出更强的自我。

"生命不在伟大的思考中，而是在一次次真实的碰触与联结中。"

这句话明确的表达是，生命不在"光秃秃"的思考中，而在一次次真实的碰触与联结中。想起面试过的多位咨询师，他们在从事原本的工作时收入很高，但做起收入远远不及以前工作的咨询师的工作来，竟不亦乐乎，因为有深度的碰触与联结。

交流和互动意味着，我的信息和你的信息可以在彼此间流动。好的交流是，我允许你的信息在我的心田——可以想象你真有这么一块心灵的田野——留下，你也允许我的信息在你的心田停留。然而，太多关系中，有人只想把自己的信息传给对方，对对方的信息却充耳不闻。例如，在一个家庭中，奶奶不停地说："你想吃什么？奶奶给你买。你怎么不理奶奶？"然而，真相是，孩子很多次对奶奶表达了拒绝，说自己并不想吃什么。这只是一个表现而已。太多人感觉在自己家中，某人就像有一个坚固的壳，挡住了别人传来的信息，却会固执地表达自己的信息。如果别人听不到，他们就会生气。

这是因为，在共生式关系中，存在着"共生绞杀"：我和你要形成一个"我们"的共同体，但这个共同体只有一个人的意志该存在，那当然最好是"我的"。

不讲这种心理学道理，只讲社会层面的普通道理，你会看到，在我们习惯的关系中，谁发话，谁听话，这是权力的基本表达。所以，我只想把我的声音传递到你这儿，你的声音我却不想听到。这是想表明一种权力关系——你要听我的，而我可以不听你的。

不过，还可以讲一个更深的心理学道理。对一个婴幼儿而言，他的确要经历这样一个过程：他的声音先是被听见，可以在抚养者的"心田"里存在，然后他才可能允许别人的声音在他的"心田"里存在。但在我们的社会中，这也意味着一个深刻的普遍创伤：太多父母并不想听到孩子的声音，他们只想给孩子传递自己的意志，并且在孩子一出生就开始这么干。这也是因为抚养者感知到了关系中权力的存在。

成年人之间，有时候就需要用愤怒加大声吼叫，甚至威胁，让对方听到自己的声音，这也是沟通的一部分。亲密关系中，吵吵架是可以的，只要你能感知到两个人的互动和交流越来越多，关系整体上朝着相互理解的方向发展，就可以。

怕的是，吵架导致了受伤，却让关系变得越来越差。如果关系总这样，就可以考虑结束了。不过结束前，你必须问问自己："我曾经用吵架的方式给这个关系一个改变的机会吗？"

恋人之间，同事之间，甚至家人之间，都需要适当的时候发出分手威胁。当然，这最好不是演戏，不是有意的"作"，而是真正有了这样的感觉时才这样做。这样，双方可以知道彼此的尺度在哪里，然后进行调整，当然也可能就此真分开了。否则，真有了这样的感觉却一直忍着，两个人就会一直按照固有的节奏交流，然后真走向分手。

把关系里的"毒"表达出来，让它显化，看看能不能解决它。能解决，关系继续；不能解决，关系就可能走向结束。关系会淬炼一个人，如果不把一些致命的动力展现出来，也就失去了在关系中淬炼彼此的机会，导致双方都不能成长。

唯有按照自己的意愿展开生命，并与其他存在建立真切的碰触，这才叫活过。

活生生的体验，就是活着、活过的证明。哪怕再奋斗、再卓越、在别人眼里再被羡慕，如果没有丰富的体验，生命就仍然是苍白、匮乏的。酣畅淋漓地活着吧！正确地活着如果太乏味，就没什么好称道的。

17

修炼你的攻击性

/

关系就是一切，一切都是为了关系。这是对精神分析的概括。鲁米也在他的诗中一再说，"你所看到的世界，一切都是镜像，我与你互为镜子"。先有一个基本单元：我，你，以及你我之间的动力。

我的动力想伸向你，但是，我是否能向你伸展动力？这就成了一个人做一切事情的动机。在某一方面有大成就的人，他从事的这一方面的事情就是一个"你"，因为他能将自己的动力"倾洒"在这个"你"上，才有了这份成就。

所以，不要把关系仅仅理解为你与人的关系，你与万事万物构建的，都是关系。

当然，成就不可能是单方面的，"我"既要把动力倾洒在"你"身上，也要能吸纳"你"的信息。所以，成就必然发生在你我之间。我们把这个称为"现实"，因为它总是能以某种形式被我们看见。

如果只有"我"，那就是幻想。总是沉浸在幻想中，是因为"我"觉得不能把动力延伸到"你"那里。当我感知不到你，而又想把我的幻想强加到你身上时，必然引发暴力事件。

严重的单相思就是这种情况。

养孩子，要给孩子这种感觉：父母欢迎你把你的动力延伸到我们这里。同时，父母也会有一些动力——基本是善意、爱意的动力，延伸到你那里。

孩子是用什么方式传递他的动力的？并非那些伟大的东西，而是就藏在吃、喝、拉、撒、睡、玩等各种琐碎的事情中，特别是皮肤的碰触、眼神的碰触。

当孩子获得了这种基本感觉 —— 父母欢迎他的本能喷涌而出,那孩子就有了顽强的生命力。

如果父母一直在拒绝孩子的动力延伸,甚至还压制孩子在其他事物上的动力延伸,那他们就成了孩子精神的刽子手 —— 这并非比喻,而是事实。

这两者如果做得太过分,孩子就有可能成为废物。

不过,一般而言,父母就算控制欲再绵密,他们的注意力也总有缺口。这时候,孩子就可能落荒而逃。

同时,就算父母做得再差,他们一般也总能有接住孩子动力的时候。此外,即便他们对孩子过于野蛮,他们的动力强行延伸到孩子身上,有时也让孩子发现自己竟然没被杀死,就说明自己没那么脆弱。由此,孩子就有了与外界建立浅关系的意识。虽然这有些恶劣和肤浅,还充满创伤,但你我之间的通道总还是打开了一些。

最可怕的是致命的孤独。如果没有人理孩子,那么孩子的体验是,他的动力彻底被外部世界化身的"你"给拒绝了,于是他什么都伸展不出去。同时,他也没有

机会学习接受并处理"你"传来的动力 —— 哪怕是创
伤。以至于，这样的孩子有可能会彻底封闭，或死掉。

一个彻底孤独而活下来的孩子，他根本不能伸展自
己的动力。他难以意识到的想象是这样的："我"是魔，
我的动力（攻击性）一伸展，"你"就会毁灭；"你"也
是魔，你的动力一向我伸展，"我"也会毁灭。所以，
最好是彻底谁也不理谁。

通过思考所有那些让我印象深刻的个案，我的确看
到：发展最好的个案，是有丰富支持性关系的，不过一
般真那么好的，也不来咨询了；其次好的个案，是有大
量社会关系的，也包括一些很糟糕的关系；相当差的个
案，社会关系太少；最差的个案，是基本没社会关系。

这和智商无关。有智商极高的来访者，因为严重
缺乏关系中的互动，所以他的动力伸展不出去，被彻底
憋在自己的内在世界里。这会"延伸"出各种黑暗的想
法，他会很痛苦。

所以，人生的一个定律是：必须保持一定量的社会
关系，必须投身于一些自己热爱的事。这不仅是为了追
求所谓的"成就"，更是在修炼自己的动力，或叫"生
命力"，准确的说法则叫"攻击性"。

　　一位来访者说，她的内在世界是一块玉米地，然而，她的父母以及其他家人闯入她的玉米地时，会残酷地毁掉一切。同时，他们的玉米地却是封闭的，不让她进入。如果她想进入，只能以奴隶的身份进入。

　　你可以问问自己：你内在的田野，通常别人是如何进入的，他们在那里会留下什么；别人的田野，你是否能比较自如地进入。当然，常常是需要征得主人的同意，而之后你们就可以在那里舞蹈、歌唱，乃至小小地搞点破坏。

　　无论如何都不要忘记，每个人都有一片肥沃的内在田野，它经由觉知，可以激发近乎无限的潜力。

（18）

因为真实，所以被爱　　　　　

/

　　因为我好，所以我值得被爱。这是好人的逻辑。真相其实是，因为你真实，所以你被爱。真实，会让你更深入地碰触自己，更好地成为自己。神性，或自性，就在你心中。

你的内心，被爱之光照到的存在，就是你可以呈现的存在。一个人很刻意地追求成为一个大好人，常见的原因是，他被母爱乃至他人之爱照到的地方太少，所以他觉得自己的内心大多是坏的，他得成为另外一个人，才值得被爱。

爱的最深动力，是让自己圆满。或者说，世间最深的动力，都是让自己圆满。

这个动力，远胜于对所谓"幸福与快乐"的追求。譬如，我们和恋人的联结，其实常常是渴望和自己内心很深的一部分建立联结，而这一部分，我们在意识上已经完全碰触不到了。这也是前文提到的，荣格说的阿尼玛与阿尼玛斯。

你的自发行为才能真正滋养你，也是你存在的证明。相反，你围绕着别人的感受而产生的行为系统，无论看似有多好，那都不是你。你需要深切地懂得这一点，当你不够懂得时，你必定是麻木而压抑的。

以母亲为中心的，还活在和母亲的共生中；以父母为中心的，还没有完成与家庭的分离。总是以别人为中心很可悲，说明这个人一直没有活出自己。爱所爱的人，但不是讨好他们，爱需要你拿出你的真实自我，与所爱的人真实、深度地碰撞。只是讨好，必然导致悲剧。

(19)

关系中，恨意和爱意一样重要　　　●　●◖ ◇

/

在关系中，人们倾向于追求一个制高点。男人因为容易在社会和经济地位上高一些，所以在亲密关系中的制高点常是，"我比你强"。女人相反，追求的制高点常是，"我是对的"。譬如，很多女人会说这样一句话："我已经做到仁至义尽、问心无愧了！"这两者都是常见的关系毒药。

高和低、主动和被动、对和错、谁说了算……这些真是关系中奥妙无穷的东西。高的、主动的，享有了关系中的优势，但一行动就有破绽，所以容易是错的；低的、被动的，虽然会失去部分控制权，但容易有道德优势。爱和心灵上的平等才是解药。

权力争夺中，比较讲道理的男人会说，"我挣钱多，所以我有理"，做不到这一点的，则会用暴力争夺权力；比较讲道理的女人会说，"我牺牲多，问心无愧，所以有理"，做不到这一点的，则会用一哭二闹三上吊的毁灭性方式追逐对控制权的把握。

爱不够时，男人的特质，女人的特质，都可以成为武器；有爱时，男人还是男人，女人还是女人，却成了滋养彼此的能量。

不要去伪装成一个没有恨的人，恨意，和爱意一样重要。如果没有恨，不能表达恨，我们怎么知道我们在关系中有时做的是错的？恨意的表达，可以告诉对方，"你伤害了我，你该停止你的伤害了"。如果关系中只有爱意的表达，那无疑会让我们有一种错觉：我对你做什么都可以。

20

直接表达愤怒是对关系的尊重　　

/

　　你离开我，是因为我坏且差——这种逻辑的确是最伤人的吧？先是有了被抛弃的创伤，而后自体又被攻击。如果自己也由衷地认同这一逻辑，就很容易深陷于黑暗中而不能自拔。自省，但不要自责，希望我们能体会到其中的差别。

　　糟糕的家庭是，为保护脆弱的自我而严重攻击别人。如果整个家庭氛围都如此，真诚反省的人就容易被撕碎。一位来访者说，在大家都极自私的家庭中，最好的生存方式是：不付出，不自省，一直骂。因为都在"倒脏水"，谁迟疑就会被"倒"太多，而一直骂的人会让别人怕他而少给他"倒脏水"。

　　在猛烈互撕的家庭中长大的人，有各种像本能一样躲避攻击和还击的方式，以及甩锅给别人的绝招。觉知到这些是很不容易的事，因为觉知本身就容易被他们体验为自我攻击。

当有冲突发生时，孩子需要时间和空间去感受、去理解。这个过程对孩子来说，是进行情绪管理、人际交往的自我学习的过程，我们不能粗暴地打断。

生命的一切努力，都是在追寻这种感觉 —— 存在本身就是对的。逼孩子道歉，是觉得孩子不被引导，就不知对错，而且父母倾向于认为孩子是错的；给孩子说自己的真情，至于孩子如何反应，就交给孩子自己，这是对孩子极大的信任。

我们要相信人自身的选择，人自身的选择，即自己的生命力在伸展。只有这样，孩子才能作为一个活生生的能量体去伸展和验证自己的生命。所谓"自由"，就是由自，即必须由自己出发。

前文中提到，在最亲密的关系里，也要有恨。爱拉近关系，恨让关系变远。只有爱与感恩时，两个人就能合二为一。而境界不够时，就意味着一个人会被另一个人消灭。相反，恨可以保持住自己的空间。所以，要允许最重要的关系中有恨，它有极大的价值。

　　当对父母有强烈的恨时，孩子若不能表达这份恨，就不能生出对父母的爱。他可以在行为上对父母极好，在感情上对父母却是"关闭"的。因恨与爱使用的是同一通道，关闭了恨的通道，也就"关闭"了爱的通道。

　　直接表达真实的愤怒，是对关系真相的尊重，不容易导致冲突升级，并且会让情感更好地流动。对关系造成伤害的愤怒，多是这样一种潜意识的想法："你错了，所以我愤怒，而且你看我这么好，我甚至都可以原谅你。"包裹着"我对你错"的愤怒，是很容易讨人厌的。

　　每个人都宛如一个气泡，若想在这个世界上彰显自己的存在，都要努力把气泡撑大。所谓"攻击性与性欲"，就是气泡扩张动力的集中展现。成为一个没脾气、没需求、没性能量的好人，你得到了其他气泡的赞许，却失去了自己的活力。

(21)

捍卫自己的空间

/

你对自己的空间有多大的权力？例如房子、头脑、心灵和时间，还有工作岗位。当你不能捍卫你的空间时，你会把对方的信息进入你的世界视为强烈入侵。你越是不能捍卫（你对自己的空间没有自卫权），你对入侵的敌意感知就越强。

当敌意太强，而情感又得维系时，你就会陷入僵硬状态，即你只能与对方保持非常浅层的互动，但你内在的流动已彻底断了。例如：你的头脑在动，但没有了创造力；身体在动，但没有了活力；情感在维系，但没有了热情。

所以，请捍卫你的空间 —— 房间、头脑、心灵和时间等。

这个空间也可以是关系。一个关系中，如果你不能表达你的感觉，那么你就会从这个关系中后退。这里所说的后退可以是看得见的（如你去寻找其他关系），也可以是看不见的（如你人还在关系中，心却不在了）。

例如一位妈妈，她丈夫和孩子的地位好像都高于她，她面对他们时总有无力感。然后她发现，与这两个至亲的关系，在她心中变得好像是"空的"。当她逐渐能在这两个关系中表达自己时，这种"空的"感觉才发生变化。

关系的空间里，需要容纳所有在关系中的人。一个家庭，一个亲密关系，如何能容纳下所有的人？这是一个大话题，但首先，你要把真实的自己呈现出来，"投掷"到这个关系中。这是一切的前提。你的意志必然在关系中展现。你放弃了主动表达，可随后你从关系中隐去的行为就是你意志的表达。仔细观察你和对方，你会发现，当你们不能用语言坦诚地表达情绪和情感时，就会用各种行为来表达。

自我，大于关系 ——这该是新时代的新普世意识。

这种新普世意识，正是对你的尊重、对对方的尊重，也是对关系的尊重。

当你身处一个破坏性的关系中，无论它是血缘关系，还是被各种影视、小说乃至艺术美化无数次的恋爱关系，只要它不再滋养你，而是把你的生命严重锁住时，你都要学会果断地离开它。

　　如果在一个破坏性的关系里，一方对另一方有暴力行为，那么司法等社会体系就该介入其中，惩罚施暴者。要惩罚明显实施肉体伤害，以及金钱盘剥的，还要惩罚严重精神施暴的。

　　尊重你的空间，别让别人轻易入侵；尊重你的选择，它会让你成为你自己。没能捍卫住个人空间，没有选择机会时，你会发展出一堆形形色色的心理防御来，以便给你的自我留出一些空间。这些方式会显得古怪，甚至变态，但它们仍是宝贵的。

沟通，让我们从想象世界进入现实世界
/

　　模糊，是生命的常态。这让人焦虑，要避免焦虑，就会追求确定感。"我能如闪电般地判定别人的想法，连沟通都不需要"，这其实是内心无比焦虑的人对自己头脑的过度依赖。我们必须知道一点：你对别人的判断，只是猜想和推测，而非事实。必须得到对方的确

认，才可能知道对方的想法。

所以，沟通无比重要。虽然共情是人际关系的根本，但共情不易，我们多数时候自以为准确地了解了别人，其实仍是推测而已。**沟通，是让我们从孤独的想象世界进入现实世界的关键**。至少你要知道，在没有得到别人的确认前，你的判断只是假设而已。

沟通是一方面，同时，要相信自己的感觉。只不过，不要太偏于一方。譬如，过于不相信自己的感觉而相信对方的说法，或者，偏执地相信自己的感觉就等于事实，而觉得无须与对方沟通。

有时候，沟通的确很难，那就需要另一种东西——证据。特别是在一些重大的猜想上，你必须有证据。英文的说法即"冒烟的枪"。若无证据，而是有迹象，那么，哪怕你的感受无比强烈，所谓的"迹象"很多，也要慎重下结论。因为人在做判断时，很容易是先有了成见，而后产生选择性注意。

因小事而歇斯底里地攻击别人，它的发展有这样的过程：你很小的言行让我感到被伤害，我痛苦；痛苦的级数很高，且模糊，所以头脑要给出一个判断，这个判断下得如闪电一般快，且我近乎百分之百认定我的判断即事实；然后，我近乎百分之百愤怒。并且，我认为这个过程是否如此不必找对方确认。

一些人的人生，像一个灾难接一个灾难，一个绝境接一个绝境。你幸存下来，最后过得还不错，你以为发挥作用的是决心与坚强，但或许更重要的是，那些被你遗忘的温暖与爱。波浪滔天的大海上，一艘小船之所以能幸存，是因为有一个深入海底的锚。被遗忘的爱与温暖，就像这个看不见的锚。

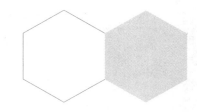

大魚讀品
BIG FISH BOOKS

让日常阅读成为砍向我们内心冰封大海的斧头。

和另一个自己谈谈心

自恋

武志红————著

中国友谊出版公司

narcissism

自恋简单，自信才难

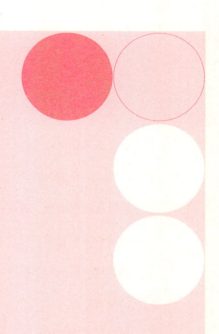

自恋，是试图将别人纳入自己的体系；爱人，
是愿意将自己纳入对方的体系；真爱，是两个
人走出各自的体系而相遇。

目 录

Contents

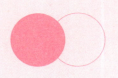

① 健康自恋和全能自恋 · 006 ·

② 成年人的全能自恋 · 010 ·

③ 全能自恋的程度，决定你焦虑的程度 · 016 ·

④ 最好的帮助是增进对方的健康自恋 · 018 ·

⑤ 道德自恋和失控的好人 · 020 ·

⑥ 道德僵尸 · 026 ·

⑦ 绝对禁止性超我 · 028 ·

⑧ 真的厉害还是显得厉害 · 033 ·

⑨ 力量维度和关系维度 · 036 ·

⑩ 从自恋维度发展到关系维度 · 039 ·

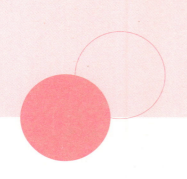

⑪ 捍卫自恋 · 043 ·

⑫ 高控制欲 · 046 ·

⑬ 你不能说我错 · 050 ·

⑭ 活在事实中，还是活在情绪中？ · 053 ·

⑮ 最累是自闭着的孤独 · 056 ·

⑯ 习惯性拖延 · 060 ·

⑰ 惧怕投入 · 064 ·

⑱ 真实，远胜完美 · 069 ·

⑲ 真实，才是修行的开始 · 075 ·

1

健康自恋和全能自恋

/

　　人对自己的态度，或者说自恋，可分为四个档位：第一档是最健康的，是自信，其活力能自如地滋养自己；第二档，是自大；第三档，是疑病，不敢碰触心理自我的脆弱，而且总觉得身体自我有病；第四档，是妄想，即并无现实依据，凭空想象自己是世界上最重要的，如西方精神病院里有很多人以为自己是耶稣。

　　这是心理学家科胡特的分法。他厘清了自恋的概念，并认为健康的人应该有健康自恋。最初的自恋的基石，是母爱的馈赠。充足的爱，是婴儿健康自恋的基础。内心无爱，才容易追求完美以求自恋。当然，随着年龄的增长，自我效能感（自己能行的独立自尊的感觉）会变得越来越重要。

一个人的自我，最初必须建立在这种感觉之上：我是好的。这种"我是好的"的自恋感是一种凝聚力，将关于自我的各种信息凝聚在一起。可以说，这种自恋是一种向心力。此外，很重要的是控制感。我们只会将自己能掌控的信息和自我结合在一起，不能掌控的，我们倾向于切割和分离。

一旦"我是好的"这种感觉攒得足够多，核心自我得以建立，我们就会有这种感觉：无论形势怎么发展，我都相信自己能掌控局势。此后，自我就可以轻松扩展了。绝对不能接受批评的人，是因为"我是好的"这种基本自恋未形成，所以一点"我是坏的"信息就可以让他的自我破碎。

巨婴（成年婴儿）中，最具破坏力也最有意思的心理，不是偏执分裂、非黑即白、你死我活，而是全能自恋。全能自恋，是婴儿具备的心理，即婴儿觉得

自己无所不能，自己一动念头，世界（其实是妈妈或其他养育者）就会按照他的意愿来运转。这种全能感必须得到相当的满足，婴儿才能接受"我并非全能"。

全能自恋，可分为完美自恋和意志自恋。完美自恋，即觉得自己是完美的。意志自恋，即我的意愿必须成真。完美自恋常常意味着关系中的所有问题都来自对方。意志自恋对关系有很直接的杀伤力，因为对方必须服从自己，并帮自己实现愿望。若没有，他们就会暴怒，从而导致强控制和暴烈情绪。

婴儿最初的全能自恋深深地影响着我们。比如，强烈的羞耻感是因为全能感被挑战了——本以为自己是神，却发现自己什么都不是。又如，太宅的人是为了避免在真实世界受挫，所以在内在世界还保持自己是神的自恋幻觉。精神病性的幻觉也是想象自己是全能的。

全能自恋感如果被打击，就会导致巨大的无力感。全能感有多强，被打击后的无力感就有多严重，同时还有极度的羞耻感。

全能自恋受损后，有人会因此而展现出强攻击性，有人则知道这会对关系造成巨大的伤害，所以会压抑它，但转而会变成对自己的强烈攻击。因为全能自恋的逻辑是：如果你如我所愿，你就是和我一体的；如果你违背了我的意愿，你就是我的敌人，在拒绝我、攻击我。

对婴儿或巨婴来说，世界不是分为我和你，而是分为我和非我。非我意味着敌对与黑暗。要想改变这种情况，的确需要有人"接住"他的意愿，懂得其心思。能理解他的那个人就与他搭建起了一座桥，让他感受到，桥那边不是敌人，而是一个有善意的人。这时，世界就不再划分为我与非我，而变成了我与你。

人性的设计都有其深意，婴儿时期普遍存在的全能感也绝非一个幻觉、一个笑话。如果一个人既能保持理性，又能在一定程度上有全能感，那会是很美妙的事。

全能感是活力的原始表达，最初婴儿似乎只有这股能量，而后它演化成攻击性、性、依恋等各种各样的活力表达方式。它是活力的源头。作为成年人，如果能带着理性体验到全能感，那么其能量会有巨大的释放。

2

成年人的全能自恋

/

成年人的全能自恋有两个特点：我无所不能，你当然要按照我的要求来做；我无所不能，所以我能满足你的一切要求。很多很有能力的人其实是全能自恋的巨婴，他们小时候不能从父母那儿获得支持，内化父母的强，而是从小就学到，一切要靠自己，父母都要靠他们。

强迫症式的完美主义也许是全能感的衍生物，特别是当完美主义指向自己时，即觉得自己必须完美才有资格存在，否则就一无是处。此类完美主义者往往寸步难行，因为他们觉得每一步必须完美，否则会陷入无助感。破解办法：坚持完成每一件事，你会逐渐体会到"我能行"的感觉，并感受到这是对自我真正的滋养。

或许每个处于心灵孤岛的人都有全能自恋，因为他们只能感受到自己的存在，而不能与其他生灵构建联结，所以只能恋自己。只有另一生命与他构建了联结，他才能走出孤岛，真切地感受到其他生灵的存在。这时，他就可以放下超级自恋了。每个婴儿都在孤岛上，父母之爱是救赎。

全能自恋是孤独的，当一个人与另一个人建立有饱满联结感的关系，真切地知道别人和自己一样是人后，这份原始的自恋才会逐渐变成有现实感的健康自恋。全能自恋最集中的表现是，你要听我的。

　　全能自恋的另一个常见表现是，苛求过程完美，即过程中不能有任何瑕疵，否则就要重来。这也是大脑暴政一个经典的表现。苛求过程完美是全能感支配下的"头脑我"使然，想把全能展现到过程中，即证明"我"如此完美，以至于每一步、每一点都不会错。

　　有人完全按自己的意愿，成功地打造和构建了自己的家，包括伴侣和孩子。他们对这样的家超级满意，毕竟这是自己意志的彻底展现。

　　当伴侣和孩子最初表达出痛苦时，他们会否认这种感觉，因为他们觉得这会破坏他们的完美幻觉。当家人用更强有力的方式进行破坏性表达时，他们才反应过来。但这时他们常常是震惊和暴怒的，并且恨破坏自己幻觉的人。

　　其实大多时候，我们苛求完美是因为有一种隐隐的担心：如果不完美，那些"坏"的细节就会成为破坏性力量，破坏事情的进展，让自己的意志失败。你现在这样追求完美，不过慢慢地，你会不那么强求完美了，因为当你的内在有一种"我能基本完成我的意愿"的感觉时，就大不一样了。你会因此而变得自在。

细节之战中，藏着规则和意志之战。这个细节，是你破坏的，还是我破坏的？是我的规则和意志说了算，还是你的说了算？很多人常常宁死都不愿在细节上接受对方的规则，轻一点则是宁愿毁掉事情。所以，完成事情对这种心理有巨大的治疗作用。

到底是我说了算，按我的规则来，还是你说了算，按你的规则来？当然，还有另一个选择——神圣的第三方规则，就是双方约定好一个基本公平的规则，或是直接遵循已有的第三方规则。但人太敏感时，觉得只有两种规则：我的和非我的。

我和你合作做一件事时，事情本身的规律其实就成了"神圣的第三方规则"。虽然有很多人凭强烈的控制欲获得了成功，但能把事情做到很好境界的，常是遵循了事情本身的规律。因此，也可以说，当一群人把事情做得相当好时，他们也在相互疗愈。

真想把事情做好，就要警惕过度自恋者，因为一旦有冲突和争执，他们在乎的不是利益，而是自恋延伸出的各种内容。而且，他们在很多细节上都要较劲，为的就是让一切都按照他们的意志、他们的规则来，达不到就宁愿破坏。

相反，要把大事做成，需要有些"无情"，可以忽略你的无理意志，也可以忽略我的不合乎事情规律的意志。既不讨好你，也不执着于我自己的意志，而是能遵循事情本身的规律。不过，很多人是将他们个人的意志和事情本身的规律合在了一起。

你期待任何事情都做到一百分，那就意味着你在持续不断地攻击自己，因为这根本做不到。

根本的恐惧是担心"我的期待"被毁灭，就等于"我"被杀死了。但逐渐地，当一个抽象的"我"生成之后，"我"和"我的期待"就可以分开了。就知道，一个期待的毁灭，不等于"我"被毁灭，然后就可以接受挫败了。

那个抽象的、有存在感的自我，也就是内聚性自我，它的存在感是建立在一个又一个愿望可以实现的基础上的。这些"我的期待"，即"我发出的动力"的实现，最终凝结出"我可以存在于这个世界上"的感觉。

拥有这种感觉成本最低的时候，是婴幼儿时期，因为那时的挫败不会导致现实损失，所以可以好好练习。但是，父母要切记，这必须是由孩子自己的动力得以实现的，而不是父母逼迫孩子去实现父母的动力，唯有前者才能促成"我"的诞生。

当你投入当下，和任何一个事物建立仿佛是全然联结的关系时，你会发现，本来不管是多么有瑕疵甚至缺憾的存在，这一刻，竟然是完美的。所以，完美无处不在，它就在时时刻刻的当下。

③

全能自恋的程度，决定你焦虑的程度

/

　　全能自恋的程度，决定了一个人的考试焦虑乃至日常焦虑的程度。太多人有一种急迫感，就好像被什么追赶似的。追赶他们的，像是死神。你脚步稍慢一点，死神就会逮住你，把你杀掉。那种感觉，就像"魔戒"系列电影里，两个霍比特人被半兽人掠走了，精灵王子、神箭手和矮人追赶他们。神箭手趴在地上聆听半兽人的脚步声时说：他们（半兽人）一直在拼命赶路，好像有鞭子在无情地抽打他们一样。这种外在的鞭子，如我们的应试教育体系，就是在无情地抽打着每一个孩子。

也有内在的鞭子。受全能自恋的支配，有人会觉得，"我一做决定，就要马上得到我想要的结果，一点都不能耽搁"。如果没得到，他们会立即有挫败感，然后暴怒，同时又觉得自己很差劲，接着会遭受羞耻的折磨。总之，会有一大堆极端的负面情绪，它们综合成一个死神或恶魔的形象，无情地抽打着他们。

那些一事无成的人，这种急切感是最严重的。所以，从来不是真正忙碌的人最累，而是一事无成又陷入急切感中的人最累，他们从来没有停止过对自己的"鞭打"。

总是急切的人，当觉知到这种急切感的逻辑时，会好一些。重要的是，他们要形成时间概念 —— 很少有事情是当下立即就能完成的，需要时间以达成努力的累积，以此换取目标的实现。

更重要的是，他们需要在现实世界（关系的世

界），真正建立关系，并真能做成一些事情。

全能自恋的程度，与关系的深度成反比。能建立
深度关系的人都会自动放弃全能感。

所以，哪怕过程千疮百孔，都好好投入地去做
事，投入地去爱人吧。

4

最好的帮助是增进对方的健康自恋
/

你帮助了我，这损伤了我的自恋，所以，我要否
定、遗忘、贬低、恨你的帮助。多次听到依赖成性的
人这样说："我不会求谁帮助，谁若想帮我，最好是
祈求我接受。"

"授人以鱼，不如授人以渔。"最好的帮助是增强
对方的健康自恋。若物质帮助不可避免，那就让受助

者付出努力，好像他们是通过自己的努力而赢得了帮助。这很重要，因为白送帮助增进了捐助者的自恋，而损伤了受助者的自恋。相反，通过努力才赢得帮助，这会让受助者觉得自己很好。

对于健康自恋水平比较高的人来说，他们能承受自恋受损。并且，因为他们心中住着别人，所以会对别人感恩，也会自我感觉很好。但对于内心空无一人的自恋水平很低的人来说，他们会尽一切努力捍卫他们的自恋。忘恩负义由此而来，也很难避免。

至于捐助者，要审视自己的内心，对通过捐助而增进自恋的部分，要有觉知。当感觉受伤时，要停下来，别带着怨气去做捐助。最重要的是，要看到自己内心住着一个匮乏的小孩，他渴望着别人无条件地、像圣母一样地爱自己。外在关系的构建，源自早就存在的内在关系模式。

5

道德自恋和失控的好人

/

当看不到自己的敌意时，就会夸大对方的敌意；当看不得自己的缺点时，别人在自己眼里就会满是缺点；当太在乎自己的道德时，就会到处看到别人的不道德。

认定自己毫不自私的人，容易变成超难相处之人。

第一，他会把"自私"等"坏东西"坚持不懈地投射到周围的人身上，没有人喜欢这一点，所以人们不愿意和他相处；

第二，"毫不自私"带给了他道德优越感，让他做一些有破坏性的事情时分外坚决，听不进别人的意见；

第三，他容易追求"权力"（如话语权）这种超自私的东西；

　　第四，他明明自私，却坚定地认为自己无私，这种反差也会让别人对他心生抵触。

　　所以，一直以来以"无私"自居的人，当发现并承认自己"有时也会自私"或"偶尔也可以允许自己自私"时，是一个巨大的进步。

　　然后逐渐地，他们会发现自己和其他人一样，也是有很多自恋和自私之处的。看到并承认这一点，会让自己和周围的人放松很多。

　　你越是觉得自己道德水平高，就越容易觉得别人道德水平低。道德自恋会导致对关系的拒绝，体现在生活中，就是各种事尽可能自己解决，不麻烦别人。所以，道德自恋的好人总是和孤独绑在一起，他们的生活也很难丰富多彩。

　　道德自恋，因为太孤独，所以将孤独给严重合理化了。生活上自己搞定，情感上也不去扰动别人。他们可以说是爱上了这种孤独，孤芳自赏。而向别人求助　向别人发出爱、性与照顾等请求，会让他们觉得自己的道德自恋受损了。所以，和道德自恋的好人在一起，你会感到特别孤独。

好人的能量常常是向内塌陷的，没有敌意，也没有热情。年轻时，他的好还带着热情和人情味儿。到了中年，好逐渐沦为一种空壳，只有行为，却没有能量流动。到了晚年，若终于可以不用理会任何人了，那么他会完全塌陷在自己的孤独世界里，不交往，甚至家务也不做。自己的心收获了安静，但是一片死寂。

道德自恋形成的一个重要原因是，当真自我不能被看见时，我们就会发展出其他类型的自我，好让别人看见。当我们做一个过分利他的人时，能被看见，并被赞誉。这种赞誉内化到心中，就变成自己也觉得自己不错，但严重的道德自恋都是自我的迷失。

　　能被看见的人，自然会发展出道德来。这种道德是共情的结果，它灵活而温暖。道德自恋的人虽然会做好事，但会缺乏温度。并且，道德自恋者身边总有坏人出没。坏人能衬托出道德自恋者的伟大，特别是坏伴侣，这更是一种平衡。这也是道德自恋者内心的投射，他内心会藏着一个坏自我。

　　道德自恋，听起来好听，骨子里却是一种软弱，因为软弱而不得不自我阉割，因为惧怕惩罚而让自己活得貌似没有一点错误，这样就不会被别人抓住一点纰漏了。

　　严重的道德自恋，常是没被看见的孩子拼凑出的一个自我形象。并且，道德自恋者的好就像一种强迫症，他必须对别人好，否则就会愧疚或不安。

　　所有的孩子最初都幻想有一个完美照顾者出现，因为这个人会彻底以他们为中心。这一部分得到较多满足的孩子能接受现实：完美照顾者不存在，比较好的照顾者已是很好。孤独的、严重缺爱的孩子则还滞留在这一幻想中，一部分人以婴儿要奶吃的形式滞留，另一部分人则扮演完美的照顾者。所以，这两种人总是纠缠在一起。

　　不要总玩道德自恋，为了追求道德上的绝对正确而让自己难受，并且在致力于将自己放在绝对道德正确的位置时，也会将对方推到大坏蛋的位置上。如果愤怒意味着自己坏，那么就学习适当的坏吧。在没主动伤害别人时，就让自己舒坦、自在一些。

　　愤怒不能向外表达，又不能化解时，就会向内指向自己。有时是感受得到的自我攻击，有时则是隐隐的自我镇压——你会发现自己的思维、行动都变得迟缓了，身体也不自在。但如果学会直接表达愤怒，并不惧怕被报复时，就会有一种自由感，因为自我镇压消失了。

以道德自居的好人，总是在忍无可忍时才爆发。其中的逻辑是，我必须处于一种"我绝对正确，你绝对错误"的道德处境时，才能进行还击。因为其中存在道德对立性，所以这种还击常对关系造成严重破坏，而这又会进一步强化他们的想法——攻击性是有破坏性的。

当好人偶尔失控，纯粹表达愤怒时，那时愤怒的能量是很自然的，双方的互动也比较简单。当好人压抑自己的愤怒，并自觉不自觉地以好人自居而将对方想象成坏人时，两个人之间的对立会变得很严重。好人若随意发脾气，会伤害自己的自我身份——我是好人。好人要知道，自己的道德自恋常是问题的关键。

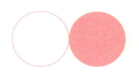

道德僵尸

/

⬤ ⬤ ◖ ○

　　道德自恋发展到极致，就成了所谓的"道德僵尸"，即生命的一切动力都集中在追求"我是个好人"上，而灭掉了几乎一切正常人类的情感。虽然老好人的现象在男人中很普遍，但道德僵尸这一级别的人多是女性，她们普遍在童年时被严重忽视。有时，听来访者讲道德僵尸级别的长辈的事情，我会打寒战，因为我看到，这些长辈道德自恋的逻辑走向极端，就成了道德僵尸。僵尸有两个含义：一是他们（多为女性）的情感和欲望都灭掉了，只剩下一个好人躯壳；二是他们的身体真的会日益僵硬、干枯。他们的好人形象很有意思，周围的人会交口称赞，但都远离他们。他们都孤独得不得了，最后怨气冲天。因为他们想弄成好人样，本想借此和人亲近，可他们这么做注定换来的是绝望，怨气因此而生。

他们的好，像是一种表演，但已深入骨髓，且是对外界的，还要被看见，但在家中，特别是面对孩子时，他们有时会露出魔鬼般的面孔。可这一般只发生在他们和孩子单独相处时，只要有别人在，他们又会对孩子好得有点过头。所以，孩子虽被伤害，别人却并不这么认为。这对孩子来说是很大的折磨。

他们还有这种矛盾：对你超好，对你无我地奉献，但你一离开，他们就会因各种微小的事诅咒你。并且，他们越觉得自己好，就会越觉得别人不好，所以会习惯性地说别人的坏话。实际上，他们的好本来就是用来防御内心可怕的怨恨的，因为他们在婴幼儿时严重被忽视。

7

绝对禁止性超我

●　●　◐　○

/

当你觉得整个世界都对你极其苛刻时，这不是真
的，这只是因为你内在有一个无比苛刻的批评者。

**最苛刻的批评者来自孤绝，它是全能自恋的对立
面。**全能自恋是，"我什么都想要"，而一旦受挫就变
成了"我要什么都是极度羞耻的"。"看，你这个蠢
货，竟然还有这样的渴求。"这种感觉如果累积得太
多，全能自恋性的本我就演变成绝对禁止性超我。

"绝对禁止性超我"这个词在我脑中最初形成，
是在伦敦一个精神分析的圣地。当时，我们在听一位
华人分析师讲他如何从一位精神科医生逐渐走上精神
分析的道路，最终拿到了国际精神分析师的资质。听
他讲的时候，我觉得这太苦了！然而让我震惊的是，
当时听的十来位同行都对这种苦行僧般的历程给予了

热烈的掌声，他们都非常认同这一历程。

很早之前，我就有了这样的理解——人类经常玩这种游戏：发现一点点真理，然后围绕着这个真理盖越来越辉煌的圣殿，最后说，圣殿里的那些柱子和砖瓦都是神圣的。

神圣是什么意思？其实有禁止的意思，有不得冒犯、违反的意思。在这个精神分析的圣地，听到这种苦行僧般的经历，我想，精神分析也是这么回事，现在精神分析治疗的各种边边角角的规则也变得神圣不可侵犯了。这时，"绝对禁止性超我"这个词从我的脑子里冒了出来。

本我、超我和自我，是弗洛伊德著名的人格结构理论。我分别给它们加上了一个前缀，用来认识我们社会的人的人格，即全能自恋性的本我、绝对禁止性的超我和软塌塌的自我。

本我想为所欲为，而全能自恋性的本我则追求彻底的为所欲为，觉得自己像神一样，念头一动，世界就得遵从自己。影响到别人时，就构成了对他们的绝对禁止性超我，即你的任何自发性举动都是错的。在绝对禁止性超我的影响下，你会觉得向左不对，向右也不对，站在原地还不对，你的意志好像已经从你的心灵世界被移除了，你只有听话才是对的。

自我是用来协调本我和超我的，如果本我和超我冲突得不太厉害，那么自我也就比较好，表现出来就是一个人外显的精神面貌和体态是比较协调、自在的。但在全能自恋性本我和绝对禁止性超我的极度矛盾的夹击下，就只能有软塌塌的自我了。这你也许有过体会，有时你突然生出雄心壮志，想达到的目标高到吓人的地步，这就是全能自恋性的本我在说话，可立即你又觉得这太不现实了。不仅如此，实际上你根本就缺乏这方面的成功经验，还觉得外部世界根本不会响应你，这就是绝对禁止性超我在说话。然后，你这股劲儿一下子就没了，而你的身体也会"塌"下来。

很多人心中有一个绝对禁止性的超我，觉得一动不动才对，一动弹就害怕被惩罚。受这个魔鬼般超我的驱使，他们会对孩子施加各种压制。被这样压制长大的孩子会很多次想，活得正确而封闭是巨大的愚蠢和错误，仿佛错过了生命。

全能自恋性本我和绝对禁止性超我随处可见。例如，当父母要求孩子彻底听话时，他们就是在追求全能自恋，而对孩子构成了绝对禁止。

绝对禁止性超我还集中体现在东方式考试上。不少考试主要的目的不是为了考察你的能力，而是为了压制你、为难你，让你丧失自发性。所以，唐太宗完善科举制度后喜不自禁："天下英雄尽入吾彀中。"因此，我们的应试教育体系奇怪地不断加压，让孩子越来越没空间自由伸展。

有的考官是绝对禁止性的，考官设立了标准，该标准喜怒无常、不可揣度，它就是来为难人的，为了传递权力感——"一切都是我说了算，你必须围着我的意志转，而把你的意志灭掉"。你的能力毫无意义，我毫不关心。

父母是孩子最初的考官，父母是鼓励孩子伸展自己，还是禁止孩子伸展，拿自己的好恶管束孩子，这至关重要。我一直都是"考试机器"，每到大的考试都超常发挥，这必须感谢父母给我的主要是自由而非约束。如果父母是滋养性的，那么孩子就不会有严重的考试焦虑，而是会有考试兴奋；如果父母是惩罚性的，那么孩子势必有比较强烈的考试焦虑。

一个人，必须有真正的能力，有真正联结的关系，才能感觉到自己的真实存在。愿所有的考试都是真的在测试一个人的能力水平，即一个人在某方面的伸展程度，而不是八股风。

8

真的厉害还是显得厉害

●　●　◐　○

/

　　自恋是人得以成长的巨大推动力，但成长又是反自恋的，即你越成熟，就越不那么执着于自恋，就越能接受你有"不行""不好"的时候。

　　如果自我没有成长好，特别是抽象意义上的自我没有形成，人就会特意去捍卫自恋，因此严重排斥"我不行""我不好"这两种信息。并且，光拒斥是不行的，你还会把它们投射到别人身上，把"我不行""我不好"，变成"你不行""你不好"。一个人到底是显得厉害，还是真的厉害，这两者是大不相同的：前者是吹牛，就是在自恋的维度（力量维度）上；而要做到真的厉害，通常既需要自恋引出的爆发力，又要在关系维度上展开。

　　每个人都可以拥有最简单（最原始）的自恋：你

可以彻底封闭自己，这样你虽然痛苦——因为得不到关系的滋养，但你拥有了最基本的自恋——你对这个世界的解释和你对自己的解释是绝对正确的，你是你的世界的终极诠释者。

例如，有的咨询师在做咨询时，一些来访者基本上听不到咨询师在说什么。咨询师的解释，他们大多虽然听到了，但好像完全没有进入他们的内在世界。然而个别人甚至耳朵都没有听到。因为咨询师的解释会对他们本来的解释形成冲击，而且常常显得比他们自己的更高明，这会伤害他们的基本自恋，所以"关闭"这个外来的声音就可以维护他们的尊严了。

这绝非说这是不可以的、这是错的，人性无对错，特别是在这一点上，这是人性自然而然的展现。这一部分一样需要得到理解，而且来访者需要得到一种体验——咨询师基本是善意的，即咨询师是在关系深度这个维度上展开咨询的，并没有在自恋维度（力量维度）的纵轴上和来访者认真地争谁对谁错、谁高谁低、谁掌握关系中的权力。在得到这种体验后，来访者才可能心甘情愿地将咨询师的信息吸收进自己的世界。

父母与孩子、教师与学生的关系也有类似的情况。因为孩子基本上还没形成完整的自我，所以更加需要获得这种感觉：权威的信息不是侵略性的、毁灭性的。不然，他们只好竖起一道墙来保护自己，将自己与外界隔离。

你想让自己强大，必然进入关系世界，向外部世界敞开，接受一些信息进入自己的内在。这需要一个基本前提：外部世界的信息不会是有严重侵略性的，即"作为外部世界的'你的信息'，彻底淹没、摧毁了'我的信息'"。同时，外部世界的进入会挑战自恋、伤害自恋，但不会摧毁自恋。这样一来，你和我同步存在，然后我因为吸纳了你的信息（能量）而不断变强。

当一个人的自我基本构建后，就会变得特别明白"显得厉害"常常会损害"真的厉害"。但假如自我没构建起来，就容易时时刻刻活在严重自恋中，而追求"显得厉害"。

9

力量维度和关系维度

/

人性有两个基本维度：力量强弱的维度和关系深浅的维度。力量维度，也是能力维度、权力维度。更精准的表达是，它是自恋维度。关系维度，也是善恶维度、道德维度、情感维度。可以直观地想象，力量维度为纵轴，关系维度为横轴。一个人的心灵容纳空间，就是力量维度和关系维度撑开的程度。

　　我们可以思考一些规律和一些经典情况：

　　一、对关系太过敏感，并在关系上花了太多精力的人，可能会损害自己的力量维度。

　　二、天才们伸展了力量维度，但在关系维度上太差的话，就容易是病态的或变成浑蛋。

　　三、想象极端的情况，关系维度完全没撑开，分数是零，那么力量强弱维度就绝对"陡峭"。这时，任意两个人——你和我就处于绝对的高低上，并且高位者可以左右低位者的生死。于是，力量强弱就变成了生死问题。

　　例如，一位女士在公司的会议上批评了一位领导，言辞并不过分，对方也接受了，这位女士却因此而病了一场。类似的情况屡屡发生，说明这位女士担心对方报复，自己被"杀死"，同时也担心自己的批评会导致对方"死亡"。

　　四、想象关系维度发展到了十分，而力量维度的感知发展到了八十分。这时，心灵空间仍然是非常

"陡峭"的，但已经有了空间，人的纠结会变得好一些。

五、想象完美情形，能力强弱维度的感知到了满分（一百分），关系深度的感知也到了满分，就构成了一个完美的圆形。这就是荣格所说的一种曼陀罗。

六、在普通关系里，我们容易找"空间"接近的人，如交朋友和选择同事，但在恋爱时，我们容易选和自己处于对立面的。即设想你在一个点上，那么由这个点拉一条通过零坐标的直线，与你所在的点相对应的那个位置的人，就是容易吸引你的人。和这样一个人相处，你痛苦，但你会特别有感觉。有感觉，就意味着这时你们构成了某种圆满。

10

从自恋维度发展到关系维度
●●○○

/

最初，人都是自恋的，所以感知多是自恋维度（也就是力量维度，后文不一一说明）上的。我们都需要发展到关系维度上，这时候会有一个经典的错觉：你想要的是关系维度，感知到的却是力量维度。

孤独的人会觉得一切都是能力问题。例如，有人情感一受伤（在关系维度上一受挫），就说"别人靠不住，只能靠自己"，然后使劲发展能力，这就是退回到了自恋维度上。但是，当你在情感中得到满足时，你会深深地体验到满足，体验到存在感。

情感受伤时，人特别容易有深深的羞耻感，觉得都是因为"我太差了"，高攀不上对方，所以我得发展自己的力量维度。但在情感中真被满足时，你却发现，好像体验到的是一种深刻的平等感，这和那份羞耻中的卑贱感以及随后想高攀的动力很不一样。

受自恋特别是全能自恋支配时，人渴望在天上飞，而当在情感中受挫时，就直接坠落到了卑贱的低谷中。所以，这看起来真的像是一切都是高低的问题。可是，当被理解和接纳时，你却会发现你落在了大地上，而你与理解和接纳你的人是平等的。

很多时候，被满足可以直接带来平等感。但如果你的自恋太严重，那么一开始必然是被满足带给了你高高在上的感觉，而满足你的那个人会被你鄙视。

心理咨询特别强调对感受的理解和回应，因为感受是一个人的根本。当感受被照见时，平等就出现了。

有的满足带来的是强烈的高低贵贱之感，有的满足则不是。差别是，提供满足的那个人是把自己弄到了低位，还是他与对方是在平等的位置上。后者在满足对方时，还能照见对方的感受。当这样的人存在时，可以迅速把一些高自恋的人从只能体验自恋维度拉入也能体验关系维度的层级上。

　　不过，关于这一点也不要太过于美化，因为严重停留在自恋维度上的人往往会太过陷入自己的世界里，而要经过很多挫败、满足、理解和回应，才能进入关系维度。

　　人需要从自恋维度发展到关系维度，在关系维度非常"单薄"之前，人活在高自恋中，只能感觉到自己的存在，而感觉不到别人的存在。他们的出发点也许是，"我是在追求情感、纯情与爱"，像是在寻找平等的关系维度，可他们稍一受挫，就会遵循自恋的逻辑。

　　什么是"自恋的逻辑"？情感维度是横轴，是平等的；力量维度的自恋是纵轴，分上下、高低与强弱。说白了，情感维度受伤而"靠近"力量维度，就是把别人踩在脚下。他要在高位，让对方在低位。真这么做时，他其实就是在干伤害关系、伤害对方的坏事，他在关系维度上就处在左侧的黑暗区域。

这时，他们也会感知到自己干了不好的事。对此，我的假设是，人和其他生灵都有基本的良知，这一点我们不能左右。这种"我干了不好的事"的感觉会继续破坏他的自恋，因为除了力量维度的自恋之外，还有一种更严重的自恋 —— "我是对的"。这时候，他要继续干点事来维护这种自恋。办法就是，抹黑对方，从道德上把对方说成是错误的，即处在关系维度左侧的。

可是，在肆意抹黑对方时，他又在伤害对方和与其的关系，于是自己就变得更"黑"了。如此循环往复，坏事干得越来越多，如果不能回头，就会变成恶性循环，最终干出严重违背伦理道德的事情。

到了这种地步，如果对方还击，他真的会瞬间崩溃，因为实在太不占理了。

捍卫自恋

/

　　从高自恋者的角度来看，他们在抽象意义上的自我还没有形成，所以每件具体的事，甚至每一个具体的点，他们都会将其等同为"我"。在这个点上的自恋不能有一点破损，因为一点破损都会引起他们的恐惧——整个"我"要破损了。他们这时的体验是，"我"要死了。

　　所以，他们容易拼命地去捍卫自恋，而且是在任何地方，不惜付出任何代价。哪怕芝麻绿豆大的事情，他们都可以去拼命。

　　面对他们呈现出来的这种态势，别人就容易让步，因为真的没必要在芝麻绿豆大的事情上拼命吧。结果，一让步，双方的关系模型也许就此形成，特别是在亲密关系中。然后就是，高自恋的人不断弄出各种事来，压抑的人为他们善后。高自恋的人会感觉良好，因为他们做事的时候觉得自己处在高位，即自恋维度的上方，这感觉不错。至于关系维度的善恶，他们虽然有感知，但不够敏感，同时也可以使用各种自我欺骗的自我防御机制，所以可以不用去感知。

压抑的人和高自恋的人一起，会产生这样一种互动：压抑的人觉得哪怕自己只有一分错误，也是要反思的；相反，高自恋的人，哪怕觉得自己只有一分理，九分错，他们也会把这一分理无限放大。

高自恋的人还有一种本事——胡搅蛮缠，他们会把各种事搅到一起说，事件一自己不占理，赶紧换到事件二，再不行就换到事件三，还不行就换到事件四，事件四不行就再回到事件一……他们这种胡搅蛮缠的策略，很容易让压抑的人认输。有时候，认输是策略，因为没必要整天都这样，而有时候认输则是压

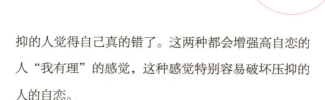

抑的人觉得自己真的错了。这两种都会增强高自恋的
人"我有理"的感觉,这种感觉特别容易破坏压抑的
人的自恋。

只要是在关系中,几乎必然是谁都有责任,或者
说谁都有"错",所以在他们的相处过程中,自恋的
人容易继续自恋,而压抑的人则继续压抑。

从一个核心点上来讲,人都是"有理的",即你
从自己的感觉出发,你必然是有道理的。可是,你如
果处在关系中,只要想弄好关系,就得是你和对方都
有存在空间。

如果想把事情闹大,希望第三方来评理,那时就
会:第三方如果彻底站在你的角度,那你就会赢;如
果第三方彻底站在对方的角度,那对方就会赢;如果
第三方站在一个中立的立场,甚至成为"基本公平的
神圣第三方",那就是总搞破坏的人是作恶者。

有人对第三方的评判极其敏感,可实际上,就算
没有第三方或对方去评判你,你的内在也一样会有

感知。

所以，别随意做破坏性行为，特别是别做得太过分。

⑫

高控制欲

/

高控制欲意味着两点：一、寻求在关系中占据制高点，即在自恋、权力、力量这个纵轴的维度上要占上风；二、同时又惧怕关系的破裂，所以在关系、依恋与情感的维度上非常敏感。概括来说，这种情况就是高控制欲与不安全感并存。

高自恋的人，本能上知道自己该找什么样的人。我听太多人说过："这个人的人生一眼就可以望到头了。"说这种话的人并不喜欢这一点，他们却选择了这样的人做伴侣。因为这样的人好控制，同时又有安全感。

　　好控制的人不怎么去抢占关系中的制高点，也处于一种高稳定状态，貌似可以配合高控制欲的人的双重需求。

　　但是，这种超稳定状态的人是让自己习惯性地居于力量维度的下端，即容易顺从。可这时的顺从是忍让，并非发自内心，也不可能发自内心。他要么一辈子压抑着，要么有一天想"造反"。就算一辈子都不"造反"，他必然有一堆问题，即会有各种被动攻击。

　　可以说，因为想在纵轴的力量维度上占上风而找一个在力量维度上习惯占下风的人，这是一时的选择，但不能解决问题。

　　真正解决问题的方法，是找一个在关系维度上活开了的人。这首先是解决不安全感这个问题的答案。

　　更重要的是，在关系维度上活开了的人，他们在纵轴的维度上常常是可上可下的，他们的空间很大，所以能容纳高控制者的各种"作"。必须注意，这里是"容纳"，而忍让不是容纳。

因此也要强调一句：如果你发现自己做不到容纳，主要就是忍让，那最好早点离开，不然对你不好，对对方不好，对彼此的关系也不好。

这样做当然有挑战性。一、在关系维度上活开了的人，为什么会找一个高控制者呢？这是一件概率比较小的事。当然，爱就是这样，各种事都有可能发生。对于高控制者来说，他们得知道找一个"活开了的人"更合适。不过现实是，达到控制狂地步的人对这样的人都有些惧怕，因为担心自己控制不了，所以更倾向于找特别顺从自己的人。

二、高控制者会各种"作"，如果被关系空间容纳了，他们就会变成关系中的活力方。这时候，有一

个原则是，高控制者别作恶，别做太有破坏性的事
情。一旦做了，就意味着关系空间或那个容纳者的空
间被破坏了，关系也就死了。纵然关系还可能继续维
持，但关系作为一个生命，已经死了。

死了的关系，就让它死了吧。我见过很多关系，
十年甚至二十年前就死了，但两个人出于各种原因仍
然维持着，却一片"灰暗"。

好在人的一生很长，一个关系托不住，再继续找
就是了。世界这么大，有问题的人形形色色，只要你
愿意去找，总会有人来配合你。

听到不少人反思说，"我的一生，就是通过一次
次恋爱不断托着自己，来度过和成长的"。

时间是一个巨大的容器，可容纳我们的各种错
误。世界也是一个巨大的容器，让你在干了一件又一
件蠢事后，仍然有各种选择的可能。真是该好好感谢
时间和空间，毕竟人太容易做蠢事。

(13)

你不能说我错

/

　　你周围有这样的人吗，他们这辈子都没认过一次错。他们宁愿死，也绝不会承认自己错了。同时，他们会做巨大的努力，诱惑周围的人犯错。或者，即便对方没错，他们也会逼对方认错。

　　也许我们社会的头号问题是 ——你不能说我错。个人、家庭、公司和权力体系都存在这个问题，每个领域都不例外，你也一样。人们难以真正地反省，于是不断轮回。

　　这不算新发现，因为我们的头号心理问题，是面子问题。"你不能伤我的面儿，就是不能说我错。"这是一个严重的自恋问题。在听到这句看似简单的话之后，我才找到了自己的理解。

　　这是一环扣一环的心理，都属于共生心理症状群。共生心理是，你我要合并到一个自我中，错的会被灭掉，因此要合并到对的当中。所以，对错问题就成了生死问题。如果我是我，你是你，对错不导致生死，那对错的问题就不大了。

有人表现得非常理性，像在文字和语言上，例如吵架，从不吐一个脏字，也没有表现出任何自私自利的地方，甚至表现得无欲无求。但是，他们理性的语言却在传递着一种偏执：我说的是对的，和我不同意见的都是错的；错的东西就不该在这个世界上存在，也不该在你身上存在；如果你坚持这个不同意见，你也不该在这个世界上存在。这种偏执在传递一种恨意，或者说毁灭欲。

很有意思的是，这类人通常体验不到自己的恨意。少数时候，他们是在说谎；多数时候，他们是真的觉得自己没有恨意。

这是因为他们如此偏执，恨意如此浓烈，犹如毒药，他们的觉知（意识）要远离这份毒药。这也是因为人容易把意识当作"我"，"我"怕被这份恨意毒死，所以要远离。然后，他们通过正确的语言表达，把这份恨意宣泄到别人身上。

在相当程度上，他们是玩弄语言这个符号系统的大师，你真的难以从他们的语言或者文字中挑出他们的毛病。但是，他们绝不可能写出诗来，因为诗、音乐等艺术必须从流动的体验中来。

不认错，错误就会一直轮回。个人如此，集体也一样。

认错也需要容错空间，如果一个人一认错，别人喊出的声音是"你错了，你该死"，那么认错就是一件极其糟糕的事。所以，不认错常常与自恋和偏执联系在一起，能认错则是整合、妥协和宽容的表现。

如果你一直都是正确的，可能真相是，你从未真实地活过。

⑭

活在事实中，还是活在情绪中？

/

有的人年纪很大了，但还是很容易被骗，那可能是因为这样的人内在世界很幼稚，而幼稚的原因是他们还活在自己的想象世界里，而不能尊重外部事实。例如，一个人如果太自恋，总渴望得到与自己真实情况不符的掌声，那么你给他夸张的掌声，就会赢得他的好感。

太自恋和活在想象的世界里会出现很多问题，如一事无成的人觉得自己的能力很强，于是就会想象自己可以在短时间内奇迹般地挣到一大笔钱。

　　自恋和活在想象的世界里，这其实都是成年人以婴儿的心理发展水平，渴望世界能够积极回应自己的各种原始渴望。他们会觉得被骗也好啊，至少一时满足了自恋的渴求。他们最烦的就是那些自以为理性、现实和成熟的人，总戳破他们自恋的泡泡。

　　活在现实中，还是活在想象中？活在现实中，还是活在情绪中？活在现实中，还是活在自恋中？

　　这些是一个人活得好还是不好的重要区分点。这些话还可以这样说：是以现实为中心，还是以情绪为中心？是只看到了自己的自恋，还是能看到外部世界的真实存在？

　　很多人一遇到问题，立即就陷入严重的情绪中，并会要求外部世界符合自己的想象，而不愿意放下想象，看到外部世界的真相。

　　糟糕的决定，常常是按照自己的情绪（本质上是

自恋）而做出的，并且看不到外部事实和内部自恋有
严重冲突。

　　**当纠缠于对错时，人们就没办法尊重事实本身
了。**当然，纠缠于对错的背后是这样的想法：哎呀，
我的行为好像是不对的，所以我是错的那个，这太羞
耻了；我不愿意面对，我要试着把事实拧过来。出于
这样的心理，很多人宁愿捍卫糟糕的做法，毕竟这个
做法是自己曾经的选择。

　　尊重事实，还是执着于"我是对的"，这将决定
一个人是否能让自我升维。想起曾经在军训时看《西
方哲学史》，头脑里固有的信念大厦"哗啦啦"就崩
塌了。这种崩塌感真爽，随后开始重建。

　　最近，我感触颇深，发现自己的头脑有太多时间
纠缠于是非对错。从表面上看，这貌似为了道德，仔
细分析则发现，这是因为恐惧。所以"我执"，既是

出于自恋，也是担心被毁灭。如果能看到自恋，又能不太恐惧，就会拥抱并皈依美妙的事实。

15

最累是自闭着的孤独

/

> 投入地去爱一个人，投入地去做一件事，幸福就降临了。
>
> ——维克多·弗兰克尔[1]

最累的人，是什么都不做的人。一些人，他们很少工作，也没什么朋友可交往，但他们任何时刻都很

---

1 维克多·弗兰克尔（Viktor Frankl，1905—1997），著名临床心理学家。维也纳第三心理治疗学派——意义治疗与存在主义分析（Existential Psychoanalysis）的创办人。

累。旁观者很难理解：他们为什么累？他们也不知道。

和这样的人深入谈下去，你会发现，他们的这种累，源自内在的交战。深入他们的觉知，你会发现，他们一方面无比渴望和人或事、物产生联结，但另一方面又很恐惧建立任何联结，所以压制着联结的渴望。而这种渴望是人类最重要的渴望，他们内心的这种交战消耗掉他们太多的精力。累由此而来。

相反，有意义的忙，反而可以是自我疗愈的一种方法。

我们都知道，做自己喜欢的事，不仅不容易感觉到累，还会越做越精神。因为你投入地做自己喜欢的事情时，你和事情就建立了联系。

同理，和喜欢的人在一起会越来越享受，这也是有联结的发生。

联结，意味着关系建立了，关系成为一个通道，而能量在这个通道中流动。这份流动着的能量，是最好的滋养。

　　冥想和静坐也是极好的滋养方式，这时候的孤独其实是有深度联结的。若能在冥想和静坐中将念头"熄掉"，那将是最佳滋养。或者说，用"滋养"这个词已不足以来形容了。

　　深度睡眠也可以很好地滋养一个人，这是我们每个人都可以得到的滋养方式。当然，也有人深度睡眠极少，甚至接近无，那一定是这个人的头脑每时每刻都在拼命地运转。他不敢沉静下来，沉静会"碰触"自己的内心，而内心的痛苦，他认为会将自己淹没。

　　我差不多每天都午休，有时感觉午休并不是在追求一般意义上的身体的休息，我追求的，是自己绵绵不绝的念头突然有一刻能安静下来。这种安静一旦出现，哪怕只是很短的一小段时间，也会很好地滋养我。

　　我做事情不容易感觉到累，因为我做的事基本上都是我喜欢的。但与人交往时，我很容易感觉到累。

对此，通俗的说法是，在人际交往中表现得不自然。
而深入觉知的话，会发现是因又渴望联结又抗拒联结
的矛盾在损耗着自己。心不动，感觉不动，而头脑在
妄动。

    宅在自己的世界里，自闭式的孤独，总伴随着头
脑的妄动。并且，头脑的妄动是为了抗拒对联结的渴
望，这就导致了累。

    但话说回来，我们每个人都有程度不一的宅。作
为没有开悟的普通人，我们势必都有一个自我。要从
自我中走出，而和外界建立联结，我们一样也需要一
些过渡。

    从宅在自我，到与外界建立联结，我们需要调整
节奏，让自己慢慢进入世界。这时，那些看似无聊的
东西可发挥过渡作用。比如，早上，我要闹钟响两次
后才起床，而不是闹钟第一次响就起来。

    并且，醒来后，我要看看手机，这是在过渡 ——
从自己的宅到进入外界的过渡。

　　任何需要感觉才能做好的事，当事人可能都会需要一段时间过渡。有时，这个过渡时间会很长，因为感觉需要你和那件事情建立关系才会出现。

　　鉴于此，作家、艺术家等常有严重的拖延症。

(16)

习惯性拖延
/

　　严重的拖延症患者都是在和一个相反的东西对抗，那个东西可以叫"急切"。多位来访者都用这个词来描绘自己的那份焦虑，说明"急切"这个词很有代表性。

　　拖延都是在和死亡对抗。可能很多拖延症患者听说过这个说法，但我听过的描绘里，还没有我认为精准的表达。我试着表达一下。

急切，即"你"发出一个指令，"我"必须去做，而且要完美地完成，否则"我"就该死。所谓"对抗死亡"，就是对抗这"该死"的感觉。

其中的"你"和"我"是什么？可以是最初的婴儿和母亲，也可以是内在的发令官和执行者，还可以是外在的发令官和执行者。受全能自恋的支配，婴儿期待自己一发出指令，世界（母亲或其他养育者）就能完美地回应。这时，婴儿会得到满足，并觉得自己是神，否则就会愤怒，恨不得对方去死。但是，他不能直接恨母亲，因为母亲死了，或世界毁了，自己也就毁了。于是，这个模式就成了一种内化的东西。

当然，在很多家庭中，父母对孩子常像严苛甚至暴虐的发令官。父母发出指令后，就希望孩子能立刻去做，否则就会向孩子传递出死亡焦虑。

也许是因为父母是这种水平，或许因为孤独，孩子自己也停留在这个水平，这些都会让孩子产生这种急切的心理。

习惯性拖延，也许最深刻的原因是，对要建立联系的事物缺乏信任感，并因而缺乏意义感。一件事情，若只是应该去做，而不能与它建立类似活在当下的深刻关系，人们心中就会有抵触，而拖延，就是这种抵触的表达。由此可以说，拖延是孤独灵魂的一种必然表现。

与此相应的是习惯性迟到，其中包含着一种很深却不容易被觉知的心理——尽可能多地待在自己的世界里，尽可能少地进入别人的地盘。因为进入别人的地盘会有失控感，会不自在，还会有其他种种不舒服的感觉。根本性的感觉是，"别人的地盘不欢迎我"。

拖延、迟到、磨叽等，多和一个基本事实有关——不能做自己。一方面，做自己被限制，甚至被禁止；另一方面，做自己也让我们恐惧——假若完全做自己，生命力真能直接存在，这也会让我们恐慌。所以，我们也会逃避自由，逃避存在。

什么样的人不拖延呢？发令官和执行者之间没有严重敌意，有时候发令官也心甘情愿做执行者的时候。

当然，执行者的自我如果被灭掉，那么他们会是好的执行者，但会变得非常无趣。

总结一下可以说：拖延症患者是在通过拖延来证明"我可以做我自己"，或者说，"我的意志可以存活"。

其实，孩子最初必然只能是慢吞吞的，他们那种慢，多么、多么可爱啊！

无论快慢，你可以坚定而主动地追逐专属于你的梦想，那时，拖延会不治而愈。

惧怕投入

/

　　怕投入，多有这样的逻辑：投入，意味着"我"投注了心力，若投入无结果，则"我"就等于被否定了；严重时，这会引起自我的瓦解。所以，我们往往为了保持"我"的存在感而控制"我"的投入。我们都惧怕走在荒漠上，风一吹过，什么踪迹都留不下。

　　怕投入，又想有好成效，这就容易诉诸幻想。记得我的一个中学同学说，"我成绩差，又不聪明，且不容易投入，可如果我学习了，我进步肯定比你们快"。你说有办法吗？这没办法吧。我还见过很多人考试前不能投入地准备，但又幻想考出完美的成绩，于是只能沉浸于幻想了。

　　不能投入地做一件事最经典的例子，是不敢投入地去爱一个人。向一个人发出爱的信号而被拒绝，最容易引起自我瓦解。不敢投入的人，一旦明白能止住失败带来的自我否定，投入就会变得容易很多。

世间最美好的事，都是因联结而生，而联结的最佳条件，是清明的心。但清明的心要求太高，而最常见的联结的例子，多是不断投入后，你逐渐与事物建立了深刻而全面的联结。在这件事上，聪明很重要，但不如投入重要。想起高考前自己悟出来的一句座右铭：努力，总不会错。

投入最大的价值，不是外在的得失，而是在投入时，在你与其他存在的深刻碰触中，你"锤炼"了自己的心。自我未得以完善前，每一条伤痕都是痛，但自我得以完善后，一切都是馈赠。不过，得多说一句：不停止燃烧，但不必自虐。

如果我能全力投入，那我一定可以取得非凡的成就——这样的想法恰恰是很多人不能投入的关键。

因为不投入就可以一直抱着这样的假设 ——我会有非凡的成就，之所以没有，不是因为我还没投入嘛！如果真投入了，这个假设就可能被"戳破"了。

这句话的真实表达是，"我是完美的"。我稍稍投入就应该出现完美的结果，以此来证明我的确是完美的。结果是，在投入的过程中，稍稍遇到挫折，投入就会停下来，因为"我是完美的"这份幻觉不断在被"戳破"。

这种心理看起来很复杂，但核心可以概括得很简单：希望这个世界，或某个事物，能精准地呼应自己发出的声音。如果这种呼应产生，自己这一刻就是全能的、完美的，而外部的世界或这个事物，也如是。

对才华的崇拜也与此有关，甚至是源于此。才华崇拜，在很多时候则化为对好成绩的崇拜。学生、老师与家长都容易有此心理 ——只要成绩好，什么都好，就好像好成绩是万能的。但才华与成绩，常是孤独中产生的东西，它们并不能帮助我们处理好关系——这才是人性乃至世界的本质。

　　能力来自你与某个事物建立了深度联系。关键是投入，经由时间与精力的累积，你与这一事物的关系日渐深厚，你逐渐掌握了它，与它"相遇"，而**能力是相遇的副产品**。我们偶尔会有神来之笔，像是一道门突然被打开，你瞬间与一个事物建立了联系，但你不能仰仗神来之笔。事实上，能力差的人往往是太期待神来之笔的人。

　　能否持续努力，关键是能否处理好这个过程中产生的挫败感。还活在全能感中的人，一旦受挫，其自恋就会有崩毁的感觉。一次小的挫败，他们的感觉却是"我失败了"。而自我基本建立的人，产生的则是"我在这件事上失败了"的感觉，其自我还能幸存。

　　能持续投入的人，有这样一种心理：我未必能立即掌握一个事物，但只要持续努力，我就会与这一事物建立联系。不能持续努力的人，常如婴儿般期待着神来之笔："神啊，请让我状态好吧，那样我就可以如神一般迅速掌握一切了。"

投入时间的长短，决定了你的境界。对此，蔡志忠有一段很牛的表达。他说，当你能专注二十分钟时，它的价值不是专注十分钟的一倍，而是呈几何指数式增长。同样地，当你能专注一个小时时，它的价值和专注十分钟已不可同日而语，更不用说能专注一天，甚至数月、数年了。以此类推，如果你专注一件事一生，那你就有可能抵达无人之境。

因此，最重要的是保护你的专注，以及不让时间被切成碎片。

其实，专注就是你和一个事物建立了深度关系，这时候会有心流产生。专注的时间越长，心流的质量和宽度、深度都会飙升。

一切价值都来自你作为一个存在和另一个存在建立的关系的深度。

18

真实，远胜完美
/

在任何方面，拿出真实的自己，然后经过岁月的洗礼，这部分生命力就会得到锤炼，而不断出现境界的跃升，这也可以称为"演化"。事业如此，爱好如此，情感亦如此。

自大的妄想，如追求全能、完美、极致、纯美等，都是因为太少体验到真实的美好吧。

真实的美好总是发生在两个人或多个人之间，即

关系中。而自大，顾名思义，即孤独的强大。过于追求孤独的强大，总伴随着关系中美好的缺乏。

若婴儿被妈妈很好地看见，婴儿就会感觉这个世界很友善，他可以呈现真实的自己。若不能，婴儿就会将世界知觉为不友善的，甚至是将世界知觉为魔鬼般的可怕世界。他必须扭曲自己，或者配上复杂的防御来保护自己。

真实，才能带来亲密。孝道只能维持一种表面的和谐，而不能让爱与亲密在家庭中流动。现实中有许多这样的故事：当一个人拼命做好孩子时，父母很满意，但家庭氛围假而冷；后来，孩子开始对父母表达自己真实的想法，特别是不满与愤怒，这一开始带来了冲突，但最后极大地增进了孩子与父母的感情。

真实，意味着两点：接受自己的真实，接受父母的真实。许多人仍期待着完美父母的出现，并以此来要求父母。咨询中常有这样的故事：一旦看到了父母真实的样子，来访者反而记起了已遗忘的父母爱自己的一些细节。这些细节对完美父母来讲不算什么，但对自身基础很差的真实父母来说，就难能可贵。这是和解的开始。

一个人的生命是否"丰盛"，关键在于他与其他存在是否有活生生的关系。我没使用"深刻"这个词，这是因为深刻可能是贫瘠的，而活生生的才是真实的。生动先于深刻，若只有深刻，而缺乏生动，那么势必意味着生命的贫瘠，即联结感的匮乏。伟大的头脑常充满着孤独与虚无。

缺乏体验性的丰盛的联结，而去追求头脑联结时，易追求纯净，即头脑要剥离各种鄙俗。但是，鄙俗或许才是生命本身。一女子谈到张爱玲那句话——"生命是一袭华美的袍，上面爬满了虱子"，看着优雅的她，我突然明白，她的优雅即所谓的"华美的袍"，而虱子是生命中那些鄙俗的骚动，那才是生命自身。

　　头脑对事物进行评判、分等级，追求纯净或深刻，或其他。但心若能安静，身心都呈打开状态，那么一个人就可以和任何看似普通的事物建立联结。所以，禅师们常这样说："修行，就是该吃饭吃饭，该睡觉睡觉。"

　　你努力打造自己，尽可能完美，尽可能友善。如此一来，你将惧怕别人的眼睛，惧怕与别人深入接触，因为你担心别人会看到你的真实存在，你觉得你的真实存在可怜而丑陋。

　　你若以为自己构建了一个完美的世界，并爱上了这个完美的世界，那么你的亲人就会去破坏它。一方面，他们不想成为你完美世界的点缀；另一方面，他们是爱你的，不想让你被这个表面化的完美世界所迷惑。以你为中心的完美世界必是幻觉，将幻觉破除，你才可能真实，并进入深情中。

完美主义，从表面上看，多是对某个有限领域的完美追求，但往更深层看，是一个人试图控制住他的自我所笼罩的整个世界。就像你要做自己世界里的上帝，上帝要控制住一切。控制不住的地方，魔鬼就会出现。可以说，这是孤独，而若和某个人、某个生灵或自己的存在建立了联结，就可以从这份孤独中走出来。

太想追求完美主义的人，都是为了掩饰自己内在的恐惧，以及没人理就瘫软无力的心。

"你在，所以我存在。"真实的、不完美的自己需要被看见，然后才能存在。如果不被看见、不被允许，自己就会觉得必须完美才能存在，并且会觉得自己真实的人性之所以不被看见，是因为它太坏、太恐怖了。没有真实，完美必然就只是一张皮。

　　完美历来与幸福无缘，完美形象就是用来被辜负、被破坏、被砸碎的。若不如此，如何能衬托出雕像的完美？去追逐真实的幸福吧，别陷在完美的外壳中。真实，远胜完美。在任何方面，拿出真实的自己，然后经过岁月的洗礼，这部分生命力就会得到锤炼，而不断出现境界的跃升，这也可以称为"演化"。事业如此，爱好如此，情感亦如此。什么叫"拿出真实的自己"？就是要真诚吗？"真诚"这个词并不可靠。唯一的判断依据是，在这一方面，你有充沛的感觉吗？

　　他貌似成熟，但其实只是掌握了社会规则，而心性并未得以锤炼；她貌似成熟，但其实只是增添了沧桑感，学会了低头，而内心还是个小女孩，渴望着被宠。太多人的成熟，是抽掉了自己的内在生命力，而向外在的规则低头。只有将真实的自我（如欲望、情绪、渴求等）展现在这个世界上，它才有机会被锤炼，由此而趋向成熟。如果一直是抽掉了自己的劲儿，成熟就是假的。一旦有机会，内在各种原始而幼稚的东西就会爆炸般涌现出来。

19

真实，才是修行的开始

/

　　很多人会习惯性撒谎，其中一部分人撒谎的原因是掩盖真实自我的信息，而避免袒露真实自我不被回应时产生巨大的羞耻感。例如，他们被问到收入时，会说高或者说低，就是不袒露真实的情况。这不关乎利益，也不关乎道德，只是自我保护而已。

　　最严重的时候，它会到这种地步——感觉自己的一切真实信息都是羞耻的。所以，和别人交流时，他们会改变自己的所有信息。这在有整容癖的人身上也可以看到，他们已经很美了，但还是要不断地整下去，将真实的自我彻底"消除"。有一位富婆，本来挺好看的，却花重金将自己整成了"猫脸"。

婴儿最初对回应有完美的渴求：他们的任何一个行为都要在养育者这面镜子中得到满足与认可，否则他们就有羞耻感。当然，完美的养育者或镜子不存在，一个基本稳定存在的、可打六十分的镜子，就可以在足够多、足够好的看见中，让婴儿有初步的存在感，原初羞耻也由此化解。

谈爱、道德、受伤、脆弱、绝望……比较容易，因为这些还是在说"我是好的"。而谈恨、欲望、敌意、怨恨……比较困难，因为它们都是在说"我是坏的"。先以人性化的态度去面对这些真实的人性，而后以中立的态度去面对真实的人性，最终会发现，这些都是生命之流。能"碰触"到生命力的流动，才能"碰触"到存在的脉动。

"我想做自己，可是他们不允许。"这是做自己时常见的障碍。当然，这是自以为的障碍，而事实是，**当你开始做自己时，也给对方做自己拓宽了空间。**

我们社会的关系都有强烈的共生感，所以，我们的关系哲学强调你做的一切都是为了共生关系，而不能只为你自己，否则就是自私。结果，狡猾的人学会了打着为了集体或别人的旗号谋私，而憨傻的人则真去努力做到不自私。

你越不自私，就越对别人的自私缺乏宽容。但其实，人毕竟要先把自己照顾好。你想构建一个让自己舒服的小世界，就必须自私。如果能把自私合理处理，你对别人表现出的自私也会有更多的宽容。真做自己的人，也允许别人做自己。

直面自己生命的真相和自己内心的真实，是一件很残酷的事，却也是最值得的。并且，无论看到什么样的真实世界，都试着敞开你的身与心。若不得已，你选择了关闭——为了保护你自己，请记住这个节点。记住在这个节点上，你是如何选择关闭自己的。

没有爱照亮你的心，没有人用温暖的眼睛看着你，你会觉得自己的真实存在是不被接受的。不被接受，这是丑陋感与自卑感的真实表达。但你还是要打开你的心，让爱流到你的心中，照亮你的灵性。我们总是等着感受到足够的爱才打开心门，但答案是，你必须打开心门才能感受到爱的存在。

不管遇到什么事，首先都要做一个真实的人。最好是，想说的和所想的一致，所想的又和自己的感受一致。其次好的情形是，所想的和所感受到的一致。只是为了自我保护而说不真实的话——这也是很聪明的做法。所以关键是，是否知道自己的真实感受，并给它空间。

自我成长，不是走向完美，而是走向真实。我们期待完美的老师，其实是希望能有一个可以接受我们索取乃至虐待而不会出现负面情绪的人。这已经有点傻了，如果还拿这套标准来要求自己，那就是真傻得入迷途了。

很多人自诩真诚，但真诚极为不易，它有两个层次：不欺人，即怎么想就怎么说；不自欺，即怎么感觉就怎么想。不欺人很可贵，人靠意识还可以做到，而不自欺则需要充分地认识潜意识，极为不易。

你必须真实，修行才能真正开始。你虚假地活着时，谈不上修行，因为你都还没与真实打交道呢。这里的虚假，不是头脑里的虚假（也就是用来骗人的），而是心灵上的，即假自我，是用来骗自己的。

● ○

自恋简单，自信很难。因为自恋是天性，真正的自信都是因为爱，而不是因为条件有多好。特别是以条件好而自傲的人，可能内在有一个虚弱的小孩，或者被抛弃的婴儿。

看见就是爱，所以所谓"自信"，是你的真实生命在关系中被看见。如果没有被看见，有可能自信就只是一种孤傲。当别人因为你条件好而景仰你时，你表面上也许会享受，但内心深处会感到更加孤独。